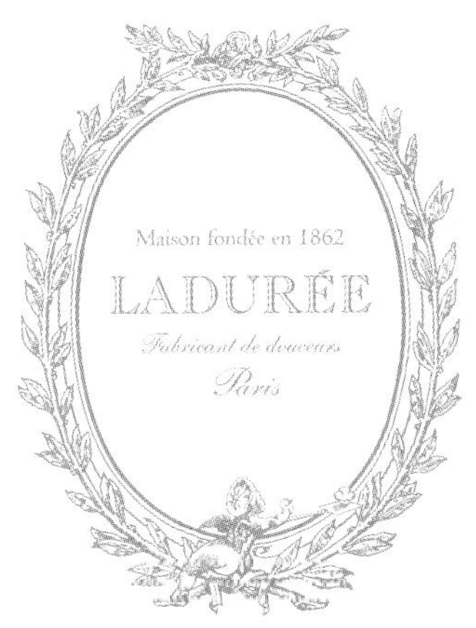

Macarons

라뒤레 마카롱 레시피

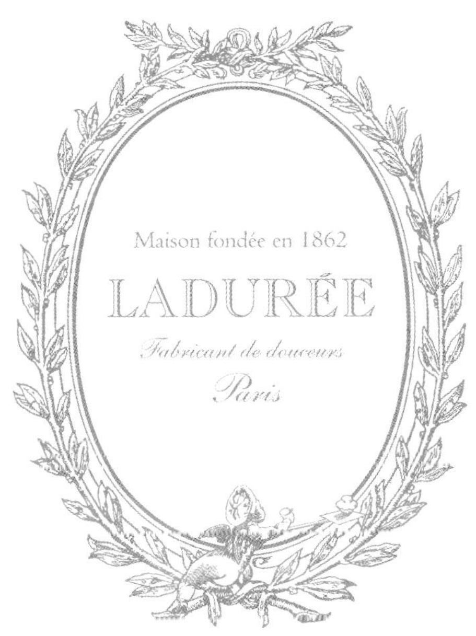

Macarons

라뒤레 마카롱 레시피

레시피 : LADURÉE

사진 : ANTONIN BONNET

푸드 스타일링 : PASCALE DE LA COCHETIÈRE

푸드 스타일링 어시스트 : PAULINE NOBIRON

GREENCOOK

라뒤레 마카롱 이야기

20세기 초, 창업자인 루이 에른스트 라뒤레(Louis-Ernest Ladurée)의 사촌 피에르 드퐁
탠(Pierre Desfountaines)은 2개의 마카롱 셸 사이에 맛있고 쫀득한 가나슈를 넣어 고정하
는 멋진 아이디어를 생각해냈다.

오늘날 가운데의 부드럽고 촉촉한 필링과 바삭한 겉면을 가진, 앙증맞고 동그스름한 모양의
딜곰한 마카롱 과자는 라뒤레를 상징하는 제품이 되었다.

라뒤레의 페이스트리 셰프들은 아몬드, 달걀, 설탕의 양을 정확하게 계량하고, 그들만의 노하
우와 약간의 섬세한 손길을 더해 세계적으로 유명한 마카롱을 만든다.

그리고 매 시즌 새로운 맛과 향을 가진 아름답고 다양한 색의 마카롱을 만들어 그 영역을 더
욱 넓히고 있다.

집에서 라뒤레 마카롱 만들기

이 책에는 라뒤레의 유명 마카롱 130개의 레시피가 들어 있어 여러분을 라뒤레만의 특별한 맛의 세계로 초대한다. 더 나아가 자신만의 마카롱을 만들 독창적인 아이디어가 나오도록 안내하고 있다.

책에는 4가지 마카롱 셸의 기본 레시피가 있어서, 여기에 1~2개의 재료만 추가하여 자신만의 마카롱을 만들 수도 있다. 추가 재료로는 설탕을 비롯해 향신료, 식용색소, 초콜릿 스프링클 등을 이용할 수 있으며, 아주 특별한 날에 어울리는 식용 금박, 은박, 동박 등을 이용하면 화려하고 멋진 마카롱이 된다.

마카롱 개별 레시피에는 크림과 가나슈부터 잼, 마멀레이드, 마시멜로에 이르기까지 맛있는 필링을 만드는 방법이 모두 자세히 설명되어 있어, 자신만의 개성 있는 필링을 만들어 보고 싶을 것이다.

자, 이제 마카롱 세상이 시작된다!

마카롱은 맛과 식감의 완벽한 조화를 위해 먹기 전 최소 12시간 냉장보관하는 것이 좋다.

라뒤레 티

•••••

라뒤레의 마카롱은 티와 함께 먹으면 더 좋다. 다음에 소개하는 티들은 마카롱과 잘 어울리는 것들로 일부는 라뒤레에서 특별히 만든 것이다.

자르댕 블뢰 루아얄 티 Thé Jardin Bleu Royal
수레국화, 천수국 꽃잎과 함께 산딸기, 루바브, 제리 향이 있는 중국과 스리랑카 티의 조합.

라뒤레 멜랑주 스페샬 티 Thé Mélange Spécial Ladurée
새콤달콤한 시트러스 과일, 다양한 꽃, 가벼운 향신료와 바닐라, 중국과 스리랑카 홍차의 조합.

오델로 티 Thé Othello
시나몬, 카르다몸(소두구), 후추와 생강가루 약간이 곁들여진 인도 홍차.

마틸드 티 Thé Mathilde
오렌지 블라섬이 곁들여진 중국 그린티와 홍차의 조합.

셰리 티 Thé Chéri
중국 홍차와 코코아, 캐러멜의 조합.

밀 에 윈 뉘 티 Thé Mille et Une Nuits
장미, 오렌지 블라섬, 생강 그리고 민트가 결합된 달콤히지만 향신료 향이 강힌 중국 그린디.

외제니 티 Thé Eugénie
다양한 레드 베리와 혼합된 중국 홍차.

조제핀 티 Thé Joséphine
재스민 꽃 때문에 향이 더 강하게 느껴지는 만다린, 자몽, 오렌지, 레몬 향이 가득한 중국 홍차.

루아 솔레유 티 Thé Roi Soleil
루바브와 캐러멜과 함께 혼합된 베르가못 향이 있는 그린티.

마리 앙투아네트 티 Thé Marie-Antoinette
장미 꽃잎, 시트러스 그리고 꿀이 섞인 중국과 인도 홍차의 조합.

Contents

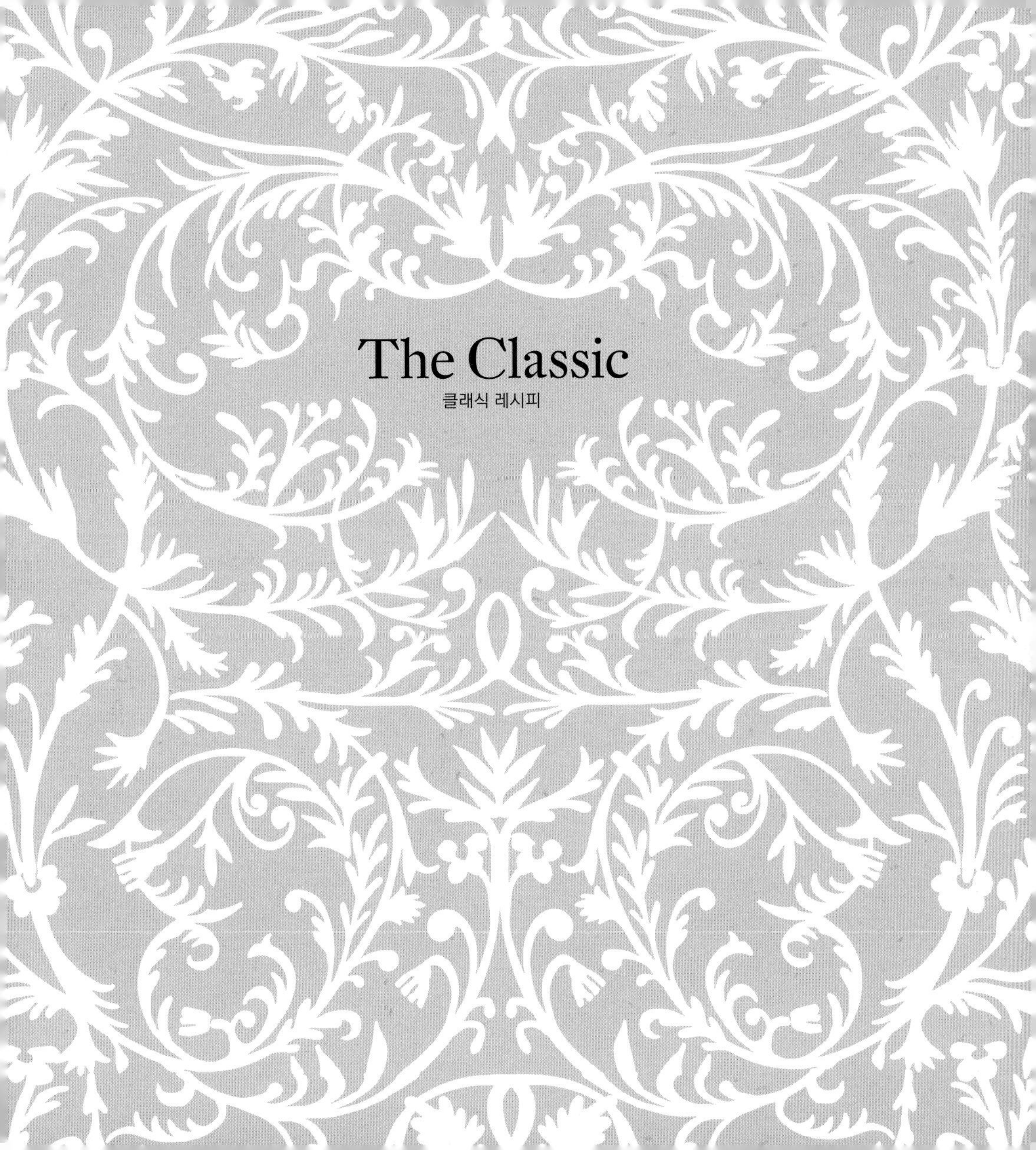

The Classic
클래식 레시피

Chocolat

쇼콜라

CREATED BEFORE 1993

$\cdots\bullet\cdots$

FLAVOUR

초콜릿 셸, 다크 초콜릿 가나슈 필링

$\cdots\bullet\cdots$

BEST WHEN PAIRED WITH

핫 초콜릿

Chocolate
Macarons

초콜릿 마카롱

• • • •

약 50개 분량

준비시간 : 1시간 10분
조리시간 : 14분
냉장시간 : 1시간 + 최소 12시간

초콜릿 가나슈 :
다크 초콜릿(카카오 70%) 290g
생크림 1컵 + 2큰술(270㎖)
부드러운 무염버터 4큰술(60g)

마카롱 셸 :
기본 레시피(p.294)

조리 도구 :
작은 소스팬
지름 10㎜의 원형 깍지를 끼운
　　짤주머니

1 ••• 초콜릿 가나슈 필링을 준비한다. 초콜릿을 칼로 잘게 다져서 볼에 담고, 작은 소스팬에 생크림을 넣어 끓인다. 끓인 생크림을 초콜릿이 담긴 볼에 3번에 나누어 붓는데, 부을 때마다 재료들이 고루 섞이도록 나무주걱으로 잘 젓는다. 여기에 버터를 조금씩 넣으면서 멍울이 전혀 없고 윤이 날 때끼지 부드럽게 섞는다. 이것을 그라탱 접시에 따르고 초콜릿 가나슈 표면에 직접 닿게 비닐랩을 씌운다.

2 ••• 완성된 초콜릿 가나슈를 실온에서 식히고, 1시간 또는 짤 수 있을 만큼 충분히 되직해질 때까지 냉장고에 넣어둔다.

3 ••• 초콜릿 마카롱 셸(기본 레시피 p.294)을 만든다.

4 ••• 초콜릿 가나슈를 원형 깍지를 끼운 짤주머니에 스푼으로 떠 넣는다. 초콜릿 가나슈를 마카롱 셸의 평평한 면에 작고 봉긋한 모양으로 짜고, 그 위를 다른 셸로 덮는다.

마카롱은 서빙하기 전에 최소 12시간 냉장보관한다.

Citron

시트롱

CREATED IN 1994

FLAVOUR

레몬 옐로, 클래식 아몬드 셸, 레몬 크림 필링

BEST WHEN PAIRED WITH

얼 그레이

Lemon
Macarons

레몬 마카롱

·····

약 50개 분량

준비시간 : 1시간 20분
조리시간 : 14분
냉장시간 : 하룻밤 + 최소 12시간

레몬 크림 :
백설탕 ¾컵(160g)
강판에 곱게 간 레몬 제스트
  1개 분량
옥수수 전분 2작은술(5g)

달걀 3개
레몬즙 ½컵 조금 안 되게
  (110㎖)
부드러운 무염버터 235g

마카롱 셸 :
기본 레시피(p.290)
  +식용색소 노란색

조리 도구 :
거품기
스패츌러
작은 소스팬
디지털 탐침 온도계(당과용)
푸드 프로세서
지름 10㎜의 원형 깍지를 끼운
  짤주머니

1 ••• 마카롱을 만들기 전날, 레몬 크림 필링을 준비한다. 먼저 볼에 설탕과 레몬 제스트를 넣고 잘 섞는다. 옥수수 전분을 넣고, 달걀노른자를 1개씩 넣으면서 거품기로 젓는다. 여기에 레몬즙을 넣고 섞어서 작은 소스팬에 모두 붓는다. 소스팬을 약한 불에 올리고 적당히 되직해질 때까지 스패츌러로 계속 저어가며 조금 끓인다.

2 ••• 소스팬을 물에서 내려 한쪽에 두고 약 10분 가량 식힌다. 레몬 크림 필링이 60℃까지 식으면 푸드 프로세서에 붓고, 부드러운 버터를 조금씩 넣어가며 매끄러운 크림처럼 될 때까지 돌린다. 레몬 크림을 공기가 완전히 차단되는 밀폐용기에 넣고, 하룻밤 또는 짤 수 있을 만큼 충분히 굳을 때까지 최소 12시간 냉장고에 넣어둔다.

3 ••• 다음날, 반죽에 노란색 식용색소를 몇 방울 떨어뜨려 넣고 클래식 아몬드 마카롱 셸(기본 레시피 p.290)을 만든다.

4 ••• 원형 깍지를 끼운 짤주머니에 레몬 크림을 스푼으로 떠 넣는다. 레몬 크림을 마카롱 셸의 평평한 면에 작고 봉긋한 모양으로 짜고, 그 위를 다른 셸로 덮는다.

마카롱은 서빙하기 전에 최소 12시간 냉장보관한다.

Pétale de Rose

페탈 드 로즈

CREATED IN 1997

· • • ·

FLAVOUR

파스텔 핑크, 클래식 아몬드 셸, 로즈 크림 필링

· • • ·

BEST WHEN PAIRED WITH

라뒤레 조제핀 티

Rose Petal
Macarons

로즈 페탈 마카롱

• • • •

약 50개 분량

준비시간 : 1시간 20분
조리시간 : 14분
냉장시간 : 최소 12시간

로즈 크림 :

백설탕 1컵(200g)
물 3½큰술(50㎖)
큰 달걀노른자 3개(75g)
부드러운 무염버터 250g

로즈시럽 1큰술(15㎖)
로즈워터 2작은술(10㎖)

마카롱 셸 :

기본 레시피(p.290)
　+식용색소 분홍색

조리 도구 :

작은 소스팬

디지털 탐침 온도계(당과용)
스탠드 전기 믹서+거품날
지름 10㎜의 원형 깍지를 끼운
　짤주머니

1 ••• 반죽에 분홍색 식용색소를 몇 방울 떨어뜨려 넣고 클래식 아몬드 마카롱 셸(기본 레시피 p.290)을 만든다.

2 ••• 로즈 크림 필링을 준비한다. 먼저 소스팬에 설탕과 물을 넣고 계속 저어서 설탕이 완전히 녹으면 120°C가 될 때까지 펄펄 끓여서 시럽을 만든다. 스탠드 믹서에 거품날을 끼우고, 달걀노른자를 믹싱볼에 넣어서 휘젓는다. 믹서를 중간 속도로 돌리면서 끓인 설탕 시럽을 달걀노른자가 담긴 믹싱볼 안쪽 면을 따라 천천히 흘려 넣는다. 믹서의 속도를 높여서 필링의 온도가 40°C 정도로 식을 때까지 강하게 휘저어 섞는다. 버터를 조금씩 넣으면서 혼합물이 차고 매끄러운 크림처럼 될 때까지 믹서를 계속 돌리고, 로즈시럽과 로즈워터를 넣는다.

3 ••• 원형 깍지를 끼운 짤주머니에 로즈 크림을 스푼으로 떠 넣는다. 로즈 크림을 마카롱 셸의 평평한 면에 작고 봉긋한 모양으로 짜고, 그 위를 다른 셸로 덮는다.

마카롱은 서빙하기 전에 최소 12시간 냉장보관한다.

Vanille

바니유

CREATED IN 1998

· • • ·

FLAVOUR

바닐라 셸, 마다가스카르 바닐라 크림 필링

· • • ·

BEST WHEN PAIRED WITH

바닐라 밀크셰이크

Vanilla
Macarons

바닐라 마카롱

• • • •

약 50개 분량

준비시간 : 1시간 30분

조리시간 : 14분

추출시간 : 하룻밤

냉장시간 : 2시간 + 최소 12시간

바닐라 크림 :

마다가스카르 바닐라 빈 1개

생크림 ⅔컵(160㎖)

   + 3큰술(45㎖)

옥수수 전분 4½작은술(15g)

백설탕 ½컵(100g)

굵게 다진 화이트 초콜릿 100g

부드러운 무염버터

   7½큰술(110g)

마카롱 셸 :

기본 레시피(p.292)

조리 도구 :

거품기

작은 소스팬

디지털 탐침 온도계(당과용)

푸드 프로세서

지름 10mm의 원형 깍지를 끼운

   짤주머니

1 ••• 마카롱을 만들기 전날, 바닐라 크림 필링을 준비한다. 먼저 작은 칼의 칼등을 이용해서 바닐라 빈의 씨들을 긁어내고, 껍질과 함께 생크림 ⅔컵(160㎖)에 넣어 하룻밤 정도 두어 향을 우린다.

2 ••• 다음날, 다른 볼에 옥수수 전분과 나머지 생크림을 모두 넣고 거품기로 매끄럽게 될 때까지 젓는다. 바닐라 향을 우려낸 크림에서 바닐라 빈 껍질을 건져내고, 작은 소스팬에 부은 다음 설탕을 넣고 조금 끓기 시작할 때까지 계속 저으면서 가열한다.

3 ••• 소스팬을 불에서 내리고, 뜨거운 크림에 화이트 초콜릿을 조금씩 천천히 넣으면서 스패츌러로 부드럽게 저어 녹인다. 식어서 온도가 45℃까지 내려가면 푸드 프로세서에 붓고, 필링이 매끄러운 크림처럼 될 때까지 버터를 조금씩 넣으면서 프로세서를 돌린다. 이것을 그라탱 접시에 옮겨 담고 바닐라 크림 표면에 닿게 비닐랩을 덮는다.

4 ••• 바닐라 마카롱 셸(기본 레시피 p.292)을 만든다.

5 ••• 원형 깍지를 끼운 짤주머니에 바닐라 크림을 스푼으로 떠 넣는다. 바닐라 크림을 마카롱 셸의 평평한 면에 작고 봉긋한 모양으로 짜고, 그 위를 다른 셸로 덮는다.

마카롱은 서빙하기 전에 최소 12시간 냉장보관한다.

Pistache
피스타슈

CREATED IN 1994

· • • ·

FLAVOUR
피스타치오 셸, 피스타치오 크림 필링

· • • ·

BEST WHEN PAIRED WITH
블랙 실론티

Pistachio
Macarons

피스타치오 마카롱

•••••

약 50개 분량

준비시간 : 1시간 20분
조리시간 : 14분
냉장시간 : 최소 12시간

피스타치오 크림 :
백설탕 1컵(200g)
물 3½큰술(50㎖)
큰 달걀노른자 3개(75g)
부드러운 무염버터 250g

피스타치오 100% 페이스트
　4½작은술(30g)

마카롱 셸 :
기본 레시피(p.296)

조리 도구 :
작은 소스팬
디지털 탐침 온도계(당과용)

스탠드 전기 믹서 + 거품날
지름 10㎜의 원형 깍지를 끼운
　짤주머니

1 ••• 피스타치오 마카롱 셸(기본 레시피 p 296)을 만든다

2 ••• 피스타치오 크림 필링을 준비한다. 먼저 소스팬에 설탕과 물을 넣고 저어서 설탕을 완전히 녹이고, 120℃가 될 때까지 펄펄 끓인다. 스탠드 믹서에 거품날을 끼우고, 달걀노른자를 믹싱볼에 넣어서 휘젓는다. 믹서를 중간 속도로 돌리면서 달걀노른자가 있는 믹싱볼의 안쪽 면을 따라 끓인 설탕 시럽을 천천히 흘려 넣는다. 믹서의 속도를 높여서 필링이 40℃ 정도로 식을 때까지 세게 돌리고, 버터를 조금씩 넣으면서 차고 매끄러운 크림처럼 될 때까지 믹서를 계속 돌린다. 피스타치오 페이스트를 넣는다.

3 ••• 원형 깍지를 끼운 짤주머니에 피스타치오 크림을 스푼으로 떠 넣는다. 피스타치오 크림을 마카롱 셸의 평평한 면에 작고 봉긋한 모양으로 짜고 다른 셸로 덮는다.

마카롱은 서빙하기 전에 최소 12시간 냉장보관한다.

41

More Macaron Flavours...

Almond 아몬드

CREATION BEFORE 1993
FLAVOUR : 클래식 아몬드 셸, 아몬드 크림 필링
BEST WHEN PAIRED WITH : 핫 초콜릿

Coffee 커피

CREATION BEFORE 1993
FLAVOUR : 커피 셸, 커피 크림 필링
BEST WHEN PAIRED WITH : 카푸치노

Salted Butter-Caramel 솔트 버터 캐러멜

CREATION IN 1999
FLAVOUR : 페일 캐러멜 셸, 솔트 캐러멜 크림 필링
BEST WHEN PAIRED WITH : 핫 초콜릿

Raspberry 라즈베리

CREATION IN 1997
FLAVOUR : 레드 셸, 라즈베리 잼 필링
BEST WHEN PAIRED WITH : 라뒤레 외제니 티

Liquorice 리기리시

CREATION IN 2003
FLAVOUR : 블랙 셸, 리커리시 크림 필링
BEST WHEN PAIRED WITH : 라뒤레 오델로 티

Coconut 코코넛

CREATION BEFORE 1995
FLAVOUR : 아몬드 코코넛 셸, 코코넛 크림 필링
BEST WHEN PAIRED WITH : 라뒤레 멜랑주 스페샬 티

Designer Collaboration

디자이너 콜라보레이션

Fruits Rouges

프뤼 루즈

CREATED IN 2004

for Christian Lacroix

·····

FLAVOUR

레드, 클래식 아몬드 셸, 레드 프루트 잼 필링

·····

BEST WHEN PAIRED WITH

라뒤레 멜랑주 스페샬 티

Red Fruit
Macarons

레드 프루트 마카롱

••••

약 50개 분량

준비시간 : 1시간 15분
조리시간 : 14분
냉장시간 : 최소 12시간

레드 프루트 잼 :
백설탕 1컵+2큰술(225g)
펙틴 가루 2작은술
라즈베리 100g
딸기 80g

블랙베리 80g
버찌 같은 새콤한 체리 종류 50g
레드커런트 50g
체에 거른 레몬즙 ½개 분량

마카롱 셸 :
기본 레시피(p.290)
　+식용색소 붉은색

조리 도구 :
소스팬
핸드 블렌더
지름 10㎜의 원형 깍지를 끼운
　짤주머니

1 ••• 레드 프루트 잼 필링을 준비하는데, 먼저 설탕과 펙틴 가루를 볼에 넣어 섞는다. 과일들을 소스팬에 넣고 핸드 블렌더로 으깨서 걸쭉한 상태로 만든다. 으깬 과육을 약한 불에서 따뜻하게 데우고 설탕과 펙틴 가루 섞은 깃을 넣고 고루 지이 섞은 디음, 레몬즙을 넣고 중간 불에서 2분 정도 끓인다.

2 ••• 완성된 잼을 볼에 담고 비닐랩을 씌워서 짤 수 있을 정도로 충분히 식어서 단단해질 때까지 한쪽에 놓아둔다.

3 ••• 반죽에 붉은색 식용색소를 몇 방울 떨어뜨려 넣고 클래식 아몬드 마카롱 셸(기본 레시피 p.290)을 만든다.

4 ••• 원형 깍지를 끼운 짤주머니에 레드 프루트 잼을 스푼으로 떠 넣는다. 레드 프루트 잼 필링을 마카롱 셸의 평평한 면에 작고 봉긋한 모양으로 짠 다음 다른 셸로 덮는다.

마카롱은 서빙하기 전에 최소 12시간 냉장보관한다.

Figue et Datte

피그 에 다트

CREATED IN 2009

for Christian Louboutin

· · · · ·

FLAVOUR

블랙 & 레드, 클래식 아몬드 셸, 무화과 대추야자 잼 필링

· · · · ·

BEST WHEN PAIRED WITH

포트 와인

Fig-Date
Macarons

피그 데이트 마카롱

· • • • ·

약 50개 분량

준비시간 : 1시간 15분
조리시간 : 14분
냉장시간 : 하룻밤 + 최소 12시간

무화과 대추야자 잼 :
백설탕 1컵 + 2큰술(225g)
펙틴 가루 3작은술
블랙 무화과 375g
부드럽게 말린 대추야자 열매 90g

체에 거른 레몬즙 1큰술
*피그는 무화과, 데이트는 대추야
　자 열매

마카롱 셸 :
기본 레시피(p.290)
　+식용색소 붉은색
　+진보라색(붉은색+파란색)

조리 도구 :
작은 소스팬
핸드 블렌더
지름 10mm의 원형 깍지를 끼운
　짤주머니

1 ••• 마카롱을 만들기 전날, 무화과 대추야자 잼 필링을 만든다. 먼저 설탕과 펙틴 가루를 볼에 넣어 섞고, 무화과를 소스팬에 넣어서 핸드 블렌더로 으깨 걸쭉한 상태로 만든다. 으깬 과육을 약한 불에 따뜻하게 데우고 설탕과 펙틴 가루 섞은 것을 넣고 섞은 다음, 레몬즙을 넣고 중간 불에서 2분 정도 끓인다.

2 ••• 완성된 잼을 볼에 담고 비닐랩을 씌워 식히고, 하룻밤 또는 짤 수 있을 정도로 단단해질 때까지 냉장고에 넣어둔다.

3 ••• 다음 날 클래식 아몬드 마카롱 셸(기본 레시피 p.290)을 만드는데, 반죽을 반으로 나누어 반에는 붉은색 식용색소를 몇 방울 섞어 넣고, 진자주색 반죽을 만들기 위해 나머지 반에는 붉은색 식용색소 5방울과 파란색 식용색소 1방울을 넣는다.

4 ••• 대추야자 열매를 사방 5mm의 주사위 모양으로 자르고, 무화과 잼에 넣어서 부드럽게 저어 섞는다.

5 ••• 원형 깍지를 끼운 짤주머니에 무화과 대추야자 잼을 스푼으로 떠 넣는다. 무화과 대추야자 잼 필링을 마카롱 셸의 평평한 면에 작고 봉긋한 모양으로 짠 다음 다른 셸로 덮는다.

마카롱은 서빙하기 전에 최소 12시간 냉장보관한다.

Bubble Gum

버블검

CREATED IN 2012

for Alber Elbaz, Maison Lanvin

...·...

FLAVOUR

오렌지 또는 플럼(신보라색) 또는 핑크 셸, 버블검 마시멜로 필링

...·...

BEST WHEN PAIRED WITH

라뒤레 외제니 티

I ♥ LANVIN...
...AND MACARONS!

Bubble Gum
Macarons

버블검 마카롱

· ● ● ● ·

약 50개 분량

준비시간 : 1시간 20분
조리시간 : 14분
냉장시간 : 최소 12시간

버블검 마시멜로 :
가루 젤라틴 3¾작은술
　또는 판 젤라틴 5장(10g)
백설탕 ⅔컵(120g)
물 2½큰술(40㎖)

전화당 90g
버블검 향미제 1큰술(15㎖)

마카롱 셸 :
기본 레시피(p.290)
　+식용색소 붉은색, 또는 플럼
　(진보라색), 또는 오렌지색

조리 도구 :
작은 소스팬
디지털 탐침 온도계(당과용)
스탠드 전기 믹서+거품날
지름 10㎜의 원형 깍지를 끼운
　짤주머니

1 ••• 클래식 아몬드 마카롱 셸(기본 레시피 p.290)을 만든다. 이때 반죽에 식용색소 몇 방울을 떨어뜨려 색을 만드는데, 원하는 색이 나오도록 식용색소들의 비율을 조절한다.

2 ••• 버블검 마시멜로 필링을 준비하는데, 가루 젤라틴을 사용하는 경우 찬물 1큰술(15㎖)에 풀어서 5분 동안 둔다. 또는 판 젤라틴을 찬물에 10분 동안 담기 부드럽게 만든다.

3 ••• 작은 소스팬에 설탕, 물, 전화당 40g을 넣고 저어서 녹이고, 설탕이 녹으면 110℃가 될 때까지 펄펄 끓인다. 스탠드 믹서에 거품날을 끼우고 판 젤라틴의 물기를 꽉 짜서 믹싱볼에 넣은 다음 남은 전화당도 함께 넣어 섞는다. 믹서를 중간 속도로 돌리면서 뜨거운 설탕 시럽을 볼의 안쪽 면을 따라 조심스럽게 천천히 흘려 넣는다. 믹서의 속도를 빨리 해서 혼합물의 온도가 40℃ 정도로 식을 때까지 약 10분 정도 섞고, 버블검 향미제를 넣는다.

4 ••• 원형 깍지를 끼운 짤주머니에 버블검 마시멜로를 스푼으로 떠 넣는다. 버블검 마시멜로 필링을 마카롱 셸의 평평한 면에 작고 봉긋한 모양으로 짠 다음 다른 셀로 덮는다.

마카롱은 서빙하기 전에 최소 12시간 냉장보관한다.

More Macaron Flavours...

Rose-Ginger 로즈 진저

CREATION IN 2010, for John Galliano
FLAVOUR : 파스텔 핑크 셸, 로즈 진저 크림 필링
BEST WHEN PAIRED WITH : 라뒤레 조제핀 아이스티

Cherry 체리

CREATION IN 2010, for Yazbukey
FLAVOUR : 체리 레드 셸, 체리 잼 필링
BEST WHEN PAIRED WITH : 라뒤레 프레스티지 샴페인

Cherry Blossom 체리 블라섬

CREATION IN 2012, for Tsumori Chisato
FLAVOUR : 파스텔 핑크 셸, 체리 블라섬 크림 필링
BEST WHEN PAIRED WITH : 재스민 그린티

Ginger-Whipped Cream 진저 윕트 크림

CREATION IN 2013, for Will Cotton
FLAVOUR : 아이보리 셸, 진저 윕트 크림 필링
BEST WHEN PAIRED WITH : 블랙 실론티

Lemon-Raspberry 레몬 라즈베리

CREATION IN 2014, for Nina Ricci
FLAVOUR : 자홍색 & 골드 셸, 라즈베리 로즈 레몬 잼 필링
BEST WHEN PAIRED WITH : 라뒤레 핑크 샴페인

Indian Rose 인디언 로즈

CREATION IN 2003, for lunx
FLAVOUR : 핑크 셸, 마드라스 장미잎 크림
BEST WHEN PAIRED WITH : 라뒤레 마리 앙투아네트 티

Wonderland

환상의 나라

Pomme Verte
폼므 베르트

CREATED IN 2010
for Tim Burton's Alice in Wonderland

· · · ·

FLAVOUR
그린, 클래식 아몬드 셸, 그린 애플 크림 필링

· · · ·

BEST WHEN PAIRED WITH
라뒤레 멜랑주 스페샬 티

ALICE

Green Apple
Macarons

그린 애플 마카롱

• • • •

약 50개 분량

준비시간 : 1시간 30분
조리시간 : 14분
냉장시간 : 2시간+최소 12시간

그린 애플 크림 :

옥수수 전분 4½작은술(15g)
그린 애플즙 ¾컵
    +2큰술(210㎖)
백설탕 ½컵(100g)

굵게 다진 화이트 초콜릿 100g
부드러운 무염버터
    7½큰술(110g)
라임즙 2큰술(30㎖)

마카롱 셸 :

기본 레시피(p.290)
    +식용색소 초록색

조리 도구 :

작은 소스팬
거품기
디지털 탐침 온도계(당과용)
푸드 프로세서
지름 10㎜의 원형 깍지를 끼운
    짤주머니

1 ••• 그린 애플 크림 필링을 준비하는데, 먼저 볼에 옥수수 전분과 그린 애플즙 3큰술(45㎖)을 넣어 섞는다. 남은 애플즙은 소스팬에 설탕과 함께 넣어서 끓이는데, 보글보글 끓어오르면 옥수수 전분과 애플즙 혼합물에 붓고 거품기로 강하게 젓는다. 이것을 다시 소스팬에 부어서 약한 불에 올리고 걸쭉하고 매끄럽게 될 때까지 약 30초 정도 거품기로 계속 젓는다.

2 ••• 뜨거운 애플즙 혼합물에 화이트 초콜릿을 넣고 스패츌러로 부드럽게 섞는다 온도가 45℃로 내려가면 푸드 프로세서에 옮겨 담고, 버터를 조금씩 넣으면서 매끄러운 크림 상태가 될 때까지 돌린다. 이것을 그라탱 접시에 붓고 비닐랩을 크림에 밀착시켜 덮은 다음 최소 2시간 또는 짤 수 있을 만큼 굳을 때까지 냉장고에 넣어둔다.

3 ••• 반죽에 초록색 식용색소를 몇 방울 떨어뜨려 넣고 클래식 아몬드 마카롱 셸(기본 레시피 p.290)을 만든다.

4 ••• 원형 깍지를 끼운 짤주머니에 그린 애플 크림을 스푼으로 떠 넣는다. 그린 애플 크림 필링을 마카롱 셸의 평평한 면에 작고 봉긋한 모양으로 조금 짠 다음 다른 셸로 덮는다.

마카롱은 서빙하기 전에 최소 12시간 냉장보관한다.

Incroyable Fraise-Bonbon

앵크루아야블 프레즈 봉봉

CREATED IN 2012

· · · · ·

FLAVOUR

설탕 뿌린 핑크, 클래식 아몬드 셸, 스트로베리 마시멜로 필링

· · · · ·

BEST WHEN PAIRED WITH

라뒤레 외제니 티

LADURÉE

Strawberry Candy Marshmallow
Macarons

스트로베리 캔디 마시멜로 마카롱

••••

약 50개 분량

준비시간 : 1시간 20분
조리시간 : 14분
냉장시간 : 최소 12시간

스트로베리 캔디 마시멜로 :
가루 젤라틴 3¾작은술
　또는 판 젤라틴 5장(10g)
백설탕 ⅔컵 조금 안 되게(120g)
물 2½큰술(40㎖)

전화당 90g
스트로베리 캔디 향미제
　2작은술(10㎖)

마카롱 셸 :
기본 레시피(p.290)
　+식용색소 붉은색
　+백설탕

조리 도구 :
작은 소스팬
디지털 탐침 온도계(당과용)
스탠드 전기 믹서+거품날
지름 10㎜의 원형 깍지를 끼운
　짤주머니

1 ••• 반죽에 붉은 식용색소 몇 방울을 떨어뜨려 넣고 클래식 아몬드 마카롱 셸(기본 레시피 p.290)을 만든다. 굽기 전, 짜놓은 셸 반죽의 ½만 겉면에 설탕을 흩뿌린다.

2 ••• 스트로베리 캔디 마시멜로 필링을 준비하는데, 가루 젤라틴을 사용하는 경우 찬물 1큰술(15㎖)에 불어서 5분 동안 둔다. 또는 판 젤라틴을 찬물에 10분 동안 담가 부드럽게 만든다.

3 ••• 작은 소스팬에 설탕, 물, 전화당 40g을 넣고 저어서 설탕을 녹이고 110°C까지 끓인다. 스탠드 믹서에 거품날을 끼우고, 판 젤라틴의 물기를 손으로 꽉 짜서 믹싱볼에 남은 전화당과 함께 넣어서 섞은 다음 믹서를 중간 속도로 돌리면서 볼의 안쪽 면을 따라 뜨거운 설탕 시럽을 천천히 흘려 넣는다. 믹서의 속도를 빨리 해서 혼합물이 40°C로 식을 때까지 약 10분 동안 세게 돌리고, 스트로베리 캔디 향미제를 넣는다.

4 ••• 원형 깍지를 끼운 짤주머니에 스트로베리 캔디 마시멜로를 스푼으로 떠 넣는다. 스트로베리 캔디 마시멜로 필링을 마카롱 셸의 평평한 면에 작고 봉긋한 모양으로 조금 짠 다음 다른 셸로 덮는다.

마카롱은 서빙하기 전에 최소 12시간 냉장보관한다.

Incroyable Citron-Citron Vert

앵크루아야블 시트롱 시트롱 베르

CREATED IN 2012

·····

FLAVOUR

그린, 클래식 아몬드 셸, 레몬 라임 마시멜로 필링

·····

BEST WHEN PAIRED WITH

라뒤레 마틸드 티

Lemon & Lime
Marshmallow
Macarons

레몬 라임 마시멜로 마카롱

• • • •

약 50개 분량

준비시간 : 1시간 20분
조리시간 : 14분
냉장시간 : 최소 12시간

레몬 라임 마시멜로 :
가루 젤라틴 3¼작은술
   또는 판 젤라틴 5장(10g)
백설탕 ⅔컵 조금 안되게(120g)
물 2½큰술(40㎖)

전화당 90g
강판에 곱게 간 라임 제스트
   4개 분량
체에 거른 레몬즙 1개 분량

마카롱 셸 :
기본 레시피(p.290)
   +식용색소 초록색

조리 도구 :
작은 소스팬
디지털 탐침 온도계(당과용)
스탠드 전기 믹서+거품날
지름 10㎜의 원형 깍지를 끼운
   짤주머니

1 ••• 반죽에 초록색 식용색소 몇 방울을 넣어 클래식 아몬드 마카롱 셸(기본 레시피 p.290)을 만든다.

2 ••• 레몬 라임 마시멜로 필링을 준비하는데, 가루 젤라틴을 사용하는 경우 찬물 1큰술(15㎖)에 풀어서 5분 동안 둔다. 또는 판 젤라틴을 찬물에 10분 동안 담가 부드럽게 만든다.

3 ••• 작은 소스팬에 설탕, 물, 전화당 40g을 넣고 저어서 설탕을 녹이고 110℃까지 끓인다. 스탠드 믹서에 거품날을 끼우고, 판 젤라틴의 물기를 손으로 꽉 짜서 믹싱볼에 남은 전화당과 함께 넣어 섞은 다음 믹서를 중간 속도로 돌리면서 볼의 안쪽 면을 따라 뜨거운 설탕 시럽을 천천히 흘려 넣는다. 믹서의 속도를 빨리 해서 혼합물이 40℃로 식을 때까지 약 10분 동안 섞고, 라임 제스트와 레몬즙을 넣는다.

4 ••• 원형 깍지를 끼운 짤주머니에 레몬 라임 마시멜로를 스푼으로 떠 넣는다. 레몬 라임 마시멜로 필링을 마카롱 셸의 평평한 면에 작고 봉긋한 모양으로 조금 짠 다음 다른 셸로 덮는다.

마카롱은 서빙하기 전에 최소 12시간 냉장보관한다.

More Macaron Flavours...

Incredible Almond 인크레더블 아몬드

CREATION IN 2012
FLAVOUR : 그린 셸, 아몬드 마시멜로 필링
BEST WHEN PAIRED WITH : 아마레토(Amaretto, 아몬드 향의 이탈리아 증류주)

Incredible Violet 인크레더블 바이올렛

CREATION IN 2012
FLAVOUR : 퍼플 셸, 바이올렛 마시멜로 필링
BEST WHEN PAIRED WITH : 바이올렛 향 우롱차

Incredible Hazelnut 인크레더블 헤이즐넛

CREATION IN 2012
FLAVOUR : 클래식 아몬드 셸, 헤이즐넛 마시멜로 필링
BEST WHEN PAIRED WITH : 커피

Incredible Coconut-Chocolate
인크레더블 코코넛 초콜릿

CREATION IN 2013
FLAVOUR : 초콜릿 셸, 코코넛 마시멜로 필링
BEST WHEN PAIRED WITH : 아이스 초콜릿

Pineapple 파인애플

CREATION IN 2014
FLAVOUR : 파스텔 옐로 셸, 파인애플 잼 필링
BEST WHEN PAIRED WITH : 라뒤레 루아 솔레유 티

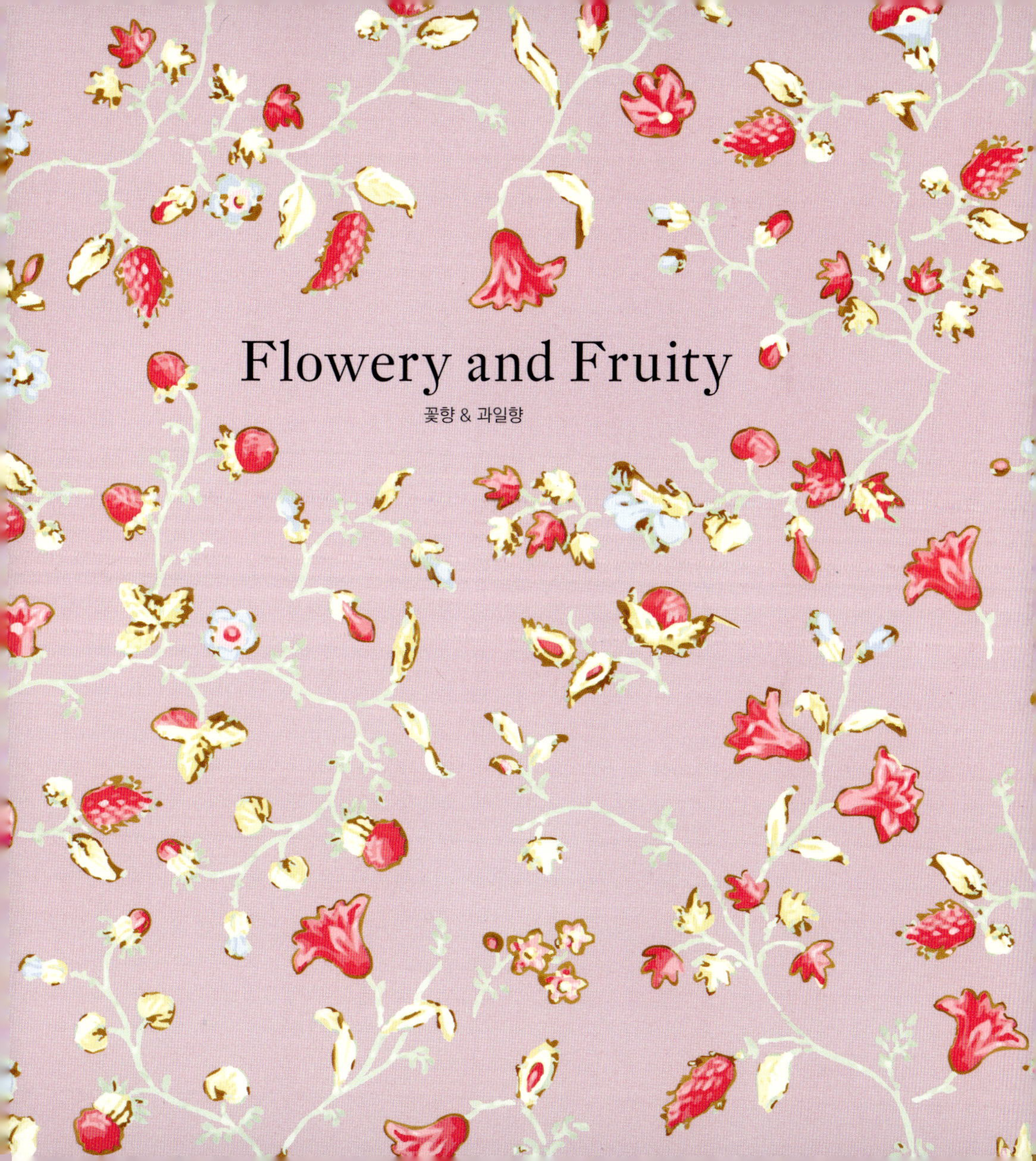

Flowery and Fruity

꽃향 & 과일향

Rose-Pamplemousse

로즈 팡풀르무스

CREATED IN 2009

·•◦•·

FLAVOUR

파스텔 핑크, 클래식 아몬드 셸, 핑크 자몽 크림 필링

·•◦•·

BEST WHEN PAIRED WITH

라뒤레 마틸드 티

Rose-Grapefruit
Macarons

로즈 그레이프프루트 마카롱

• • • •

약 50개 분량

준비시간 : 1시간 20분
조리시간 : 14분
냉장시간 : 최소 12시간

로즈 자몽 크림 :

백설탕 1컵(200g)
물 3½큰술(50㎖)
큰 달걀노른자 3개(75g)
무염버터 250g

로즈시럽 2½작은술(12㎖)
로즈워터 1½작은술(7㎖)
강판에 곱게 간 자몽 제스트
　2개 분량

마카롱 셸 :

기본 레시피(p.290)
　+식용색소 분홍색

조리 도구 :

작은 소스팬
디지털 탐침 온도계(당과용)
스탠드 전기 믹서 + 거품날
지름 10㎜의 원형 깍지를 끼운
　짤주머니

1 ••• 반죽에 분홍색 식용색소를 몇 방울 떨어뜨려 넣고 클래식 아몬드 마카롱 셸(기본 레시피 p.290)을 만든다.

2 ••• 로즈 자몽 크림 필링을 만드는데, 먼저 소스펜에 설탕과 물을 넣고 계속 저어서 설탕을 녹이고 120°C까지 끓인다. 스탠드 믹서에 거품날을 끼우고, 달걀노른자를 믹싱볼에 넣어 휘젓는다. 믹서를 중간 속도로 돌리면서 달걀노른자가 있는 믹싱볼의 안쪽 면을 따라 끓인 설탕 시럽을 천천히 흘려 넣는다.

3 ••• 믹서의 속도를 높여서 필링이 40°C로 식을 때까지 강하게 돌린다. 버터를 조금씩 넣으면서 혼합물이 차고 매끄러운 크림처럼 될 때까지 믹서를 계속 돌린다. 로즈시럽, 로즈워터, 자몽 제스트를 차례로 넣는다.

4 ••• 원형 깍지를 끼운 짤주머니에 로즈 자몽 크림을 스푼으로 떠 넣는다. 로즈 자몽 크림 필링을 마카롱 셸의 평평한 면에 작고 봉긋한 모양으로 조금 짠 다음 다른 셸로 덮는다.

마카롱은 서빙하기 전에 최소 12시간 냉장보관한다.

Bergamote

베르가모트

CREATED IN 2009

· · ◦ · ·

FLAVOUR

연한 녹황색, 클래식 아몬드 셸, 베르가못 크림 필링

· · ◦ · ·

BEST WHEN PAIRED WITH

얼 그레이

Bergamot
Macarons

베르가못 마카롱

••••

약 50개 분량

준비시간 : 1시간 30분
조리시간 : 14분
냉장시간 : 2시간 + 최소 12시간

베르가못 크림 :
생크림 3큰술(45㎖)
옥수수 전분 4½작은술(15g)
베르가못즙 ⅔컵(160㎖)
　+4작은술(20㎖)

백설탕 ½컵(100g)
굵게 다진 화이트 초콜릿 100g
부드러운 무염버터
　7½큰술(110g)

마카롱 셸 :
기본 레시피(p.290)
　+ 식용색소 초록색 + 노란색

조리 도구 :
거품기
작은 소스팬
디지털 탐침 온도계(당과용)
푸드 프로세서
지름 10mm의 원형 깍지를 끼운
　짤주머니

1 ••• 베르가못 크림 필링을 준비하는데, 먼저 생크림 3큰술(45㎖)에 옥수수 전분을 넣고 거품기로 젓는다. 작은 소스팬에 베르가못즙을 ⅔컵(160㎖)만 붓고 조금 끓어오를 때까지 가열한 다음, 옥수수 전분과 크림혼합물에 넣고 거품기로 힘차게 젓는다. 이것을 다시 소스팬에 넣고 약한 불에서 약 30초 가량 단단하고 매끄럽게 될 때까지 거품기로 계속 저으면서 끓여 볼에 담는다.

2 ••• 뜨거운 베르가못 혼합물에 화이트 초콜릿을 넣고 스패츌러로 천천히 부드럽게 저어 섞는다. 온도가 45℃까지 내려가면 푸드 프로세서에 붓고, 천천히 남은 즙과 버터를 넣으면서 매끄러운 크림저럼 뇔 때까지 돌린다. 이것을 그라탱 접시에 따르고, 비닐랩을 베르가못 크림 표면에 닿게 덮어서 최소 2시간 또는 짤 수 있을 만큼 굳을 때까지 냉장고에 넣어둔다.

3 ••• 반죽에 초록색과 노란색 식용색소를 몇 방울 떨어뜨려 넣고 클래식 아몬드 마카롱 셸(기본 레시피 p.290)을 만든다. (또는 반죽의 ½은 노란 식용색소, 나머지 ½은 초록색 식용색소를 몇 방울 넣어서 2가지로 만들어도 좋다.)

4 ••• 원형 깍지를 끼운 짤주머니에 베르가못 크림을 스푼으로 떠 넣는다. 베르가못 크림 필링을 마카롱 셸의 평평한 면에 작고 봉긋한 모양으로 짠 다음 다른 셸로 덮는다.

마카롱은 서빙하기 전에 최소 12시간 냉장보관한다.

Fleur d'Oranger

플레르 도랑제

CREATED IN 2005

for Fragonard

• • • •

FLAVOUR

클래식 아몬드 셸, 오렌지 블라섬 크림 필링

• • • •

BEST WHEN PAIRED WITH

라뒤레 마틸드 티

Orange Blossom
Macarons

오렌지 블라섬 마카롱

• • ● •

약 50개 분량

준비시간 : 1시간 30분

조리시간 : 14분

냉장시간 : 2시간 + 최소 12시간

오렌지 블라섬 크림 :

오렌지 블라섬 워터 4큰술(60㎖)

옥수수 전분 4½작은술(15g)

생크림 ⅔컵(160㎖)

백설탕 ½컵(100g)

굵게 다진 화이트 초콜릿 100g

부드러운 무염버터
　7½큰술(110g)

식용색소 초록색 1방울

마카롱 셸 :

기본 레시피(p.290)

조리 도구 :

거품기

작은 소스팬

디지털 탐침 온도계(당과용)

푸드 프로세서

지름 10㎜의 원형 깍지를 끼운
　짤주머니

1 ●● 오렌지 블라섬 크림 필링을 만드는데, 먼저 오렌지 블라섬 워터 3큰술(45㎖)에 옥수수 전분을 넣고 거품기로 섞는다. 작은 소스팬에 생크림과 설탕을 넣고 보글보글 끓인 다음 옥수수 전분 혼합물에 넣고 거품기로 세게 저어 섞는다. 이것을 다시 소스팬에 넣고 약한 불에서 30초 가량 단단하고 매끄럽게 될 때까지 거품기로 계속 저으면서 끓여 볼에 담는다.

2 ●● 뜨거운 오렌지 블라섬 혼합물에 화이트 초콜릿을 넣고 스패츌러로 천천히 부드럽게 저어 섞는다. 시어서 온도가 45℃까지 내려가면 푸드 프로세서에 붓고, 남은 오렌지 블라섬 워터와 버터, 초록색 식용색소 1방울을 넣은 다음 매끄러운 크림처럼 될 때까지 천천히 돌린다.
이것을 그라탱 접시에 담고 비닐랩을 오렌지 블라섬 크림 표면에 닿게 덮어서 최소 2시간, 또는 짤 수 있을 만큼 굳을 때까지 냉장고에 넣어둔다.

3 ●● 클래식 아몬드 마카롱 셸(기본 레시피 p.290)을 만든다.

4 ●● 원형 깍지를 끼운 짤주머니에 오렌지 블라섬 크림을 스푼으로 떠 넣는다. 오렌지 블라섬 크림 필링을 마카롱 셸의 평평한 면에 작고 봉긋한 모양으로 짠 다음 다른 셸로 덮는다.

마카롱은 서빙하기 전에 최소 12시간 냉장보관한다.

미모자

CREATED IN 2010

· • ·

FLAVOUR

가루로 덮인 옐로, 클래식 아몬드 셸, 미모사 크림 필링

· • ·

BEST WHEN PAIRED WITH

라뒤레 프레스티지 샴페인

Noirmoutier

Mimosa
Macarons

미모사 마카롱

· · · ·

약 50개 분량

준비시간 : 1시간 30분
조리시간 : 14분
냉장시간 : 2시간 + 최소 12시간

미모사 크림 :
생크림 3큰술(45㎖)
　+⅔컵(160㎖)
옥수수 전분 4½작은술(15g)
꿀(가능하면 미모사꿀)

3½큰술(75g)
굵게 다진 화이트 초콜릿 100g
부드러운 무염버터
　7½큰술(110g)
천연 미모사 향미제 1¼작은술

마카롱 셸 :
기본 레시피(p.290)
　+식용색소 노란색

조리 도구 :
거품기
작은 소스팬
디지털 탐침 온도계(당과용)
푸드 프로세서
지름 10㎜의 원형 깍지를 끼운
　짤주머니

1 •• 미모사 크림 필링을 만드는데, 먼저 옥수수 전분에 생크림 3큰술(45㎖)을 넣고 거품기로 저어 섞는다. 작은 소스팬에 남은 생크림과 꿀을 넣어 살짝 끓이고, 보글보글 끓어오르면 옥수수 전분 혼합물에 넣고 거품기로 세게 저어 섞는다. 이것을 다시 소스팬에 넣고 약한 불에서 30초 가량 단단하고 매끄럽게 될 때까지 거품기로 쉬지 않고 계속 저으면서 끓여 볼에 담는다.

2 •• 뜨거운 미모사 크림에 화이트 조콜릿을 넣고 스패츌러로 친친히 부드럽게 저어 섞는다. 식어서 온도가 45℃가 되면 푸드 프로세서에 붓고, 버터와 미모사 향미제를 넣은 다음 매끄러운 크림처럼 될 때까지 천천히 돌린다. 이것을 그라탱 접시에 담고 비닐랩을 미모사 크림 표면에 닿게 덮어서 최소 2시간, 또는 짤 수 있을 만큼 굳을 때까지 냉장고에 넣어둔다.

3 •• 반죽에 노란색 식용색소를 몇 방울 떨어뜨려 넣고 클래식 아몬드 마카롱 셸(기본 레시피 p.290)을 만든다.

4 •• 원형 깍지를 끼운 짤주머니에 미모사 크림을 스푼으로 떠 넣는다. 미모사 크림 필링을 마카롱 셸의 평평한 면에 작고 봉긋한 모양으로 짠 다음 다른 셸로 덮는다.

마카롱은 서빙하기 전에 최소 12시간 냉장보관한다.

More Macaron Flavours...

Lily of the Valley 릴리 오브 더 밸리

CREATION IN 2004
FLAVOUR : 파스텔 그린 셸, 은방울꽃 저지방 크림 필링
BEST WHEN PAIRED WITH : 라뒤레 멜랑주 스페샬 아이스티

Violet 바이올렛

CREATION IN 2005, for Angel's Secrets by Thierry Mugler
FLAVOUR : 퍼플 셸, 크리스탈 바이올렛 크림 필링
BEST WHEN PAIRED WITH : 우롱 바이올렛 티

Fig 피그

CREATION IN 2009
FLAVOUR : 붉은 무화과색 셸, 피그(무화과) 잼 필링
BEST WHEN PAIRED WITH : 우롱 바이올렛 티

Citron 시트론

CREATION IN 2008
FLAVOUR : 그린 셸, 시트론 크림 필링
BEST WHEN PAIRED WITH : 화이트 시트러스 커피

Blackcurrant-Violet 블랙커런트 바이올렛

CREATION IN 2000
FLAVOUR : 퍼플 셸, 블랙커런트 바이올렛 잼
BEST WHEN PAIRED WITH : 라뒤레 자르댕 블뢰 루아얄 티

Jasmine-Mango 재스민 망고

CREATION IN 2008
FLAVOUR : 옐로 오렌지 셸, 망고 재스민 크림 필링
BEST WHEN PAIRED WITH : 라뒤레 조제핀 티

Summer Fragrance

여름 향기

Citron-Thym

시트롱 탱

CREATED IN 2011

·•·•·

FLAVOUR

옐로, 클래식 아몬드 셸, 레몬 타임 크림 필링

·•·•·

BEST WHEN PAIRED WITH

얼 그레이

Lemon-Thyme
Macarons

레몬 타임 마카롱

• • • •

약 50개 분량

준비시간 : 30분

조리시간 : 14분

냉장시간 : 12시간 + 최소 12시간

레몬 타임 크림 :

백설탕 ¾컵(160g)

잘게 썬 신선한 타임

　잔가지 3개 분량

강판에 곱게 간 레몬 제스트

1개 분량

옥수수 전분 2작은술(5g)

달걀노른자 3개

체에 거른 레몬즙

　½컵 조금 안 되게(110㎖)

부드러운 무염버터 235g

마카롱 셸 :

기본 레시피(p.290)

+식용색소 노란색

조리 도구 :

작은 소스팬

디지털 탐침 온도계(당과용)

푸드 프로세서

지름 10㎜의 원형 깍지를 끼운

　짤주머니

SUMMER FRAGRANCE
여름 향기

1 ••• 마카롱을 만들기 전날, 레몬 타임 크림 필링을 준비한다. 먼저 볼에 설탕과 타임, 레몬 제스트를 넣어 잘 섞는다. 여기에 옥수수 전분을 넣고 달걀노른자를 1개씩 넣으면서 거품기로 저어서 섞고, 레몬즙도 넣어 섞는다. 이것을 작은 소스팬에 모두 붓고, 약하게 끓어올라서 적당한 굳기가 될 때까지 약한 불에서 스패츌러로 계속 저어가며 끓인다.

2 ••• 소스팬을 불에서 내려 한쪽에 두고 약 10분 정도 식힌다. 필링의 온도가 60°C가 되면 체에 걸러서 푸드 프로세서에 담고, 부드러운 버터를 조금씩 넣으면서 매끄러운 크림처럼 될 때까지 돌린다. 공기가 완전히 차단되는 밀폐용기에 레몬 크림 필링을 담아 하룻밤 또는 짤 수 있을 만큼 굳을 때까지 최소 12시간 냉장고에 넣어둔다

3 ••• 다음 날, 반죽에 노란색 식용색소를 몇 방울 떨어뜨려 넣고 클래식 아몬드 마카롱 셸(기본 레시피 p.290)을 만든다.

4 ••• 원형 깍지를 끼운 짤주머니에 레몬 타임 크림을 스푼으로 떠 넣는다. 레몬 타임 크림 필링을 마카롱 셸의 평평한 면에 작고 봉긋한 모양으로 짠 다음 다른 셸로 덮는다.

마카롱은 서빙하기 전에 최소 12시간 냉장보관한다.

Fraise Mentholée

프레즈 멩톨레

CREATED IN 2011

· · ● ● · ·

FLAVOUR

스트로베리 레드, 클래식 아몬드 셸, 스트로베리 민트 잼 필링

· · ● ● · ·

BEST WHEN PAIRED WITH

라뒤레 외제니 티

Strawberry-Mint
Macarons

스트로베리 민트 마카롱

• • • •

약 50개 분량

준비시간 : 1시간 15분
조리시간 : 14분
냉장시간 : 최소 12시간

스트로베리 민트 잼 :
백설탕 1컵＋2큰술(225g)
펙틴 가루 2작은술
딸기 375g
체에 거른 레몬즙 ½개 분량

잘게 다진 신선한 민트잎
　15장 분량

마카롱 셸 :
기본 레시피(p.290)
　＋식용색소 산딸기색
　(분홍색+붉은색)

조리 도구 :
소스팬
핸드 블렌더
지름 10㎜의 원형 깍지를 끼운
　짤주머니

1 ••• 반죽에 산딸기색 식용색소를 몇 방울 떨어뜨려 넣고 클래식 아몬드 마카롱 셸(기본 레시피 p.290)을 만든다.

2 ••• 스트로베리 민트 잼 필링을 만드는데, 먼저 볼에 설탕과 펙틴 가루를 넣어 섞는다. 딸기는 소스팬에 넣고 핸드 블렌더로 으깨서 걸쭉하게 만든다. 으깬 딸기를 약한 불에 따뜻하게 데우고, 설낭과 펙틴 가루의 혼합물을 넣어 섞은 다음 레몬즙도 넣고 중간 불로 2분 정도 끓인다.

3 ••• 스트로베리 민트 잼을 볼에 옮겨 담고 비닐랩을 덮어서 식힌 다음 냉장고에 넣어둔다. 잼이 아주 차가워지면 잘게 다진 민트잎을 넣고 부드럽게 저어 섞는다.

4 ••• 원형 깍지를 끼운 짤주머니에 스트로베리 민트 잼을 스푼으로 떠 넣는다. 스트로베리 민트 잼 필링을 마카롱 셸의 평평한 면에 작고 봉긋한 모양으로 짠 다음 다른 셸로 덮는다.

마카롱은 서빙하기 전에 최소 12시간 냉장보관한다.

Melon

믈롱

CREATED IN 2011

· · · · ·

FLAVOUR

파스텔 오렌지, 클래식 아몬드 셸, 멜론 크림 필링

· · · · ·

BEST WHEN PAIRED WITH

딸기 넥타

Melon
Macarons

멜론 마카롱

• • • •

약 50개 분량

준비시간 : 1시간 20분
조리시간 : 14분
냉장시간 : 최소 12시간

멜론 크림 :
백설탕 1컵(200g)
물 3½큰술(50㎖)
큰 달걀노른자 3개(75g)
부드러운 무염버터 250g

신선한 캔털루프 퓌레 150g
천연 멜론 에센스 5방울
* 캔털루프(Cantaloupe) : 껍질은 초
  록색이고, 과육은 오렌지색인 멜론

마카롱 셸 :
기본 레시피(p.290)
  + 식용색소 오렌지색

조리 도구 :
작은 소스팬
디지털 탐침 온도계(당과용)
스탠드 전기 믹서 + 거품날
지름 10㎜의 원형 깍지를 끼운
  짤주머니

1 ••• 반죽에 오렌지색 식용색소를 몇 방울 떨어뜨려 넣고 클래식 아몬드 마카롱 셸(기본 레시피 p.290)을 만든다.

2 ••• 멜론 크림 필링을 만드는데, 먼저 소스팬에 설탕과 물을 넣고 저어서 설탕을 녹이고 120℃까지 펄펄 끓인다. 믹서에 거품날을 끼우고, 믹싱볼에 달걀노른자를 넣어 휘젓는다. 믹서를 중간 속도로 돌리면서 달걀노른자가 담긴 볼의 안쪽 면을 따라 끓인 설탕 시럽을 천천히 조심스럽게 흘려 넣는다.

3 ••• 믹서의 속도를 높여서 필링이 40℃로 식을 때까지 강하게 돌린다. 버터를 조금씩 천천히 넣으면서 차고 매끄러운 크림처럼 될 때까지 계속 치대고 캔털루프 퓌레와 멜론 에센스를 넣는다.

4 ••• 원형 깍지를 끼운 짤주머니에 멜론 크림을 스푼으로 떠 넣는다. 멜론 크림 필링을 마카롱 셸의 평평한 면에 작고 봉긋한 모양으로 짠 다음 다른 셸로 덮는다.

마카롱은 서빙하기 전에 최소 12시간 냉장보관한다.

Menthe Glaciale

망트 글라샬

CREATED IN 2001

· · · · ·

FLAVOUR

글레이셔 블루, 클래식 아몬드 셸, 아이스 민트 크림 필링

· · · · ·

BEST WHEN PAIRED WITH

초콜릿 민트 아이스티

Icy Mint
Macarons

아이스 민트 마카롱

••••

약 50개 분량

준비시간 : 1시간 30분
조리시간 : 14분
추출시간 : 하룻밤
냉장시간 : 2시간 + 최소 12시간

아이스 민트 크림 :
생크림 ⅔컵(160㎖)+3큰술(45㎖)
민트잎 15장
옥수수 전분 4½작은술(15g)

백설탕 ½컵(100g)
굵게 다진 화이트 초콜릿 100g
부드러운 무염버터
　7½큰술(110g)
그린 민트 리큐어 3큰술(45㎖)
페퍼민트 에센스 2~3방울

마카롱 셸 :
기본 레시피(p.290)

+식용색소 파란색

조리 도구 :
거품기
작은 소스팬
디지털 탐침 온도계(당과용)
푸드 프로세서
지름 10mm의 원형 깍지를 끼운
　짤주머니

SUMMER FRAGRANCE
여름 향기

1 •• 마카롱을 만들기 전날, 아이스 민트 크림 필링을 만든다. 소스팬에 생크림 ⅔컵(160㎖)과 민트잎을 넣어 조금 끓이고, 크림에 향이 배어 나오도록 소스팬을 서늘한 곳에 하룻밤 둔다.

2 •• 다음 날, 남은 생크림이 있는 볼에 옥수수 전분을 넣고 거품기로 저어 섞는다. 민트향이 잘 배어 나온 크림은 체에 걸러 소스팬에 담고, 설탕을 넣어 조금 끓어오를 때까지 가열한다. 이것을 옥수수 전분과 크림을 섞어놓은 볼에 넣고 거품기로 힘차게 저어서 고루 섞고, 다시 소스팬에 담아 거품기로 저으면서 단단하고 매끄러운 상태가 되도록 30초 동안 끓여 볼에 붓는다.

3 •• 뜨거운 민트 크림에 화이트 초콜릿을 넣고 스패츌러로 천천히 부드럽게 섞으면서 식힌다. 온도가 45℃가 되면 푸드 프로세서에 옮겨 담고 매끄러운 크림처럼 될 때까지 버터를 조금씩 넣으면서 돌린다. 민트 리큐어와 페퍼민트 에센스를 섞어 넣고, 그라탱 접시에 부어 비닐랩을 크림에 닿게 밀착시켜 덮는다. 그리고 최소 2시간 또는 짤 수 있을 만큼 굳을 때까지 냉장고에 넣어둔다.

4 •• 반죽에 파란색 식용색소를 몇 방울 떨어뜨려 넣고 클래식 아몬드 마카롱 셸(기본 레시피 p.290)을 만든다.

5 •• 원형 깍지를 끼운 짤주머니에 아이스 민트 크림을 스푼으로 떠 넣는다. 아이스 민트 크림 필링을 마카롱 셸의 평평한 면에 작고 봉긋한 모양으로 짠 다음 다른 셸로 덮는다.

마카롱은 서빙하기 전에 최소 12시간 냉장보관한다.

More Macaron Flavours...

Lime-Basil 라임 바질

CREATION IN 2001
FLAVOUR : 그린 셸, 라임 바질 크림 필링
BEST WHEN PAIRED WITH : 화이트 시트러스 커피

Aniseed 애니시드

CREATION IN 2003
FLAVOUR : 글레이셔 블루 셸, 애니시드(아니스 씨) 크림 필링
BEST WHEN PAIRED WITH : 라뒤레 마틸드 티

Mint-Aniseed 민트 애니시드

CREATION IN 2009
FLAVOUR : 글레이셔 블루 셸, 민트 애니시드 크림 필링
BEST WHEN PAIRED WITH : 실론 민트 티

Strawberry-Poppy 스트로베리 파피

CREATION IN 2004

FLAVOUR : 레드 셸, 스트로베리 파피(양귀비) 잼 필링

BEST WHEN PAIRED WITH : 라뒤레 조제핀 티

Apricot-Ginger 애프리캇 진저

CREATION IN 2002

FLAVOUR : 오렌지 셸, 복숭아 생강 잼 필링

BEST WHEN PAIRED WITH ; 라뒤레 자르댕 블뢰 루아얄 티

Grenadine 그레나딘

CREATION IN 2007

FLAVOUR : 핑크 셸, 그레나딘(석류) 크림 필링

BEST WHEN PAIRED WITH : 스트로베리 밀크셰이크

Winter Sonata
겨울 연가

CREATED IN 2003

for lunx

· · · · ·

FLAVOUR

캐러멜 브라운, 클래식 아몬드 셸, 토바코 크림 필링

· · · · ·

BEST WHEN PAIRED WITH

랍상 소우총(Lapsang Souchong, 正山小種) 티

Havana
Macarons

하바나 마카롱

• • • •

약 50개 분량

준비시간 : 1시간 30분
조리시간 : 14분
냉장시간 : 2시간 + 최소 12시간

토바코 크림 :
생크림 3큰술(45㎖)
   +⅔컵 조금 안 되게(150㎖)
옥수수 전분 4½작은술(15g)
백설탕 ½컵(100g)

굵게 다진 화이트 초콜릿 100g
부드러운 무염버터
   7½큰술(110g)
천연 토바코 에센스(취향대로)

마카롱 셸 :
기본 레시피(p.290)
   +식용색소 캐러멜 브라운색

조리 도구 :
작은 소스팬
거품기
디지털 탐침 온도계(당과용)
푸드 프로세서
지름 10㎜의 원형 깍지를 끼운
   짤주머니

1 ••• 토바코 크림 필링을 만드는데, 먼저 생크림 3큰술(45㎖)에 옥수수 전분을 넣어 거품기로 섞는다. 작은 소스팬에 남은 생크림과 설탕을 넣어 섞고 살짝 끓어오를 때까지 가열한다. 여기에 옥수수 전분과 생크림 섞은 것을 넣고 거품기로 다시 힘차게 저어 섞는다. 이것을 소스팬에 담아 약한 불에 올리고, 약 30초 정도 단단하고 매끄럽게 될 때까지 거품기로 계속 저어서 섞은 다음 볼에 담는다.

2 ••• 뜨거운 그림 혼합물에 화이트 초콜릿을 넣고 스패츌러로 천천히 부드럽게 섞는다. 온도가 45℃까지 떨어지면 푸드 프로세서에 옮겨 담고, 버터를 조금씩 천천히 넣으면서 매끄러운 크림처럼 될 때까지 돌린다. 여기에 토바코 에센스를 취향대로 넣는다. 완성된 크림은 그라탱 접시에 담아서 비닐랩을 토바코 크림에 밀착시켜 덮고, 최소 2시간 또는 짤 수 있을 만큼 굳을 때까지 냉장고에 넣어둔다.

3 ••• 반죽에 캐러멜 브라운 식용색소를 몇 방울 떨어뜨려 넣고 클래식 아몬드 마카롱 셀(기본 레시피 p.290)을 만든다.

4 ••• 원형 깍지를 끼운 짤주머니에 토바코 크림을 스푼으로 떠 넣는다. 토바코 크림 필링을 마카롱 셀의 평평한 면에 작고 봉긋한 모양으로 짠 다음 다른 셀로 덮는다.

마카롱은 서빙하기 전에 최소 12시간 냉장보관한다.

Baies Roses

베 로즈

CREATED IN 2013

• • • •

FLAVOUR

그레이, 클래식 아몬드 셸, 핑크 페퍼콘 크림 필링

• • • •

BEST WHEN PAIRED WITH

다즐링 남링 티

Pink Peppercorn
Macarons

핑크 페퍼콘 마카롱

• • • •

약 50개 분량

준비시간 : 1시간 20분
조리시간 : 14분
냉장시간 : 최소 12시간

핑크 페퍼콘 크림 :
백설탕 1컵(200g)
물 4½큰술(50㎖)
큰 달걀노른자 3개(75g)
부드러운 무염버터 250g

핑크 페퍼콘 가루 2¼작은술(5g)
＊핑크 페퍼콘(Pink Peppercorn) :
  적후추. 후추 열매로 만드는 것이 아
  니나 후추 같은 특유의 향이 있다.

마카롱 셸 :
기본 레시피(p.290)
  ＋식용색소 검은색

조리 도구 :
작은 소스팬
디지털 탐침 온도계(당과용)
스탠드 전기 믹서＋거품날
지름 10㎜의 원형 깍지를 끼운
  짤주머니

1 ••• 반죽에 검은색 식용색소를 몇 방울 떨어뜨려 넣고 클래식 아몬드 마카롱 셸(기본 레시피 p.290)을 만든다.

2 ••• 핑크 페퍼콘 크림을 만드는데, 먼저 소스팬에 설탕과 물을 넣고 중간 불에서 설탕을 녹인 다음 120°C까지 끓인다. 스탠드 믹서에 거품날을 끼우고, 믹싱볼에 달걀노른자를 넣어 돌린다. 믹서를 중가 속두로 돌리면서 달걀노른자가 있는 믹싱볼의 안쪽 면을 따라 끓인 설탕 시럽을 천천히 흘려 넣는다.

3 ••• 믹서의 속도를 높이고 혼합물이 식어서 40°C가 될 때까지 섞는다. 버터를 조금씩 넣으면서 혼합물이 차고 매끄러운 크림처럼 될 때까지 계속 돌리고, 핑크 페퍼콘 가루를 넣는다.

4 ••• 원형 깍지를 끼운 짤주머니에 핑크 페퍼콘 크림을 스푼으로 떠 넣는다. 핑크 페퍼콘 크림 필링을 마카롱 셸의 평평한 면에 작고 봉긋한 모양으로 짠 다음 다른 셸로 덮는다.

마카롱은 서빙하기 전에 최소 12시간 냉장보관한다.

마롱

CREATED IN 2001

FLAVOUR

클래식 아몬드 & 밀크 초콜릿 셸, 밤 크림 필링

BEST WHEN PAIRED WITH

비엔나 커피

Chestnut Macarons

체스너트 마카롱

• • • •

약 50개 분량

준비시간 : 1시간 10분
조리시간 : 14분
냉장시간 : 최소 12시간

밤 크림 :
무염버터 140g
밤 페이스트 90g
밤 퓌레 90g
밤 크림 50g

다크 럼주 2큰술
곱게 다진 마롱글라세
  5개 분량
*마롱글라세(marrons glacés) : 밤
  을 설탕에 절인 프랑스 전통과자

마카롱 셸 :
기본 레시피(p.290)
  +밀크 초콜릿

(카카오버터 40% 함유)

조리 도구 :
거품기
스탠드 전기 믹서+거품날
지름 10㎜의 원형 깍지를 끼운
  짤주머니

1 ●●· 녹인 밀크 초콜릿 20g(카카오버터 40% 함유)을 반죽에 섞어 넣고 클래식 아몬드 마카롱 셸(기본 레시피 p.290)을 만든다.

2 ●●· 밤 크림 필링을 준비하는데, 먼저 버터를 작게 잘라서 볼에 넣고 거품기로 저어 크림처럼 만든다.

3 ●●· 스탠드 믹서에 거품날을 끼우고 밤 페이스트, 밤 퓌레, 밤 크림을 넣은 뒤 고속으로 돌려서 잘 섞고, 속도를 줄여서 부드러워질 때까지 계속 돌린다. 여기에 크림 상태의 버터와 다크 럼주를 넣어 섞는다.

4 ●●· 원형 깍지를 끼운 짤주머니에 만들어둔 밤 크림을 스푼으로 떠 넣는다. 밤 크림 필링을 마카롱 셸의 평평한 면에 작고 봉긋한 모양으로 짜고, 그 위에 다진 마롱글라세를 몇 조각 올리고 다른 셸로 덮는다.

마카롱은 서빙하기 전에 최소 12시간 냉장보관한다.

Thé Marie-Antoinette

테 마리 앙투아네트

CREATED IN 2013

· • ·

FLAVOUR

글레이셔 블루, 클래식 아몬드 셸, 마리 앙투아네트 티 크림 필링

· • ·

BEST WHEN PAIRED WITH

라뒤레 마리 앙투아네트 티

LADURÉE
Paris

Marie-Antoinette Tea
Macarons

마리 앙투아네트 티 마카롱

• • • •

약 50개 분량

준비시간 : 1시간 30분
조리시간 : 14분
추출시간 : 하룻밤
냉장시간 : 2시간 + 최소 12시간

마리 앙투아네트 티 크림 :
생크림 ⅔컵(160㎖) + 3큰술(45㎖)
마리 앙투아네트 티
  3½큰술(45g)

옥수수 전분 4½작은술(15g)
백설탕 ½컵(100g)
굵게 다진 화이트 초콜릿 100g
부드러운 무염버터
  7½큰술(110g)

마카롱 셸 :
기본 레시피(p.290)
  + 식용색소 파란색

조리 도구 :
작은 소스팬
거품기
디지털 탐침 온도계(당과용)
푸드 프로세서
지름 10㎜의 원형 깍지를 끼운
  짤주머니

1 ••• 마카롱을 만들기 전날, 마리 앙투아네트 티 크림 필링을 만든다. 먼저 소스팬에 생크림 ⅔컵(160㎖)과 마리 앙투아네트 티를 넣고 끓기 바로 전까지 가열하여 서늘한 곳에 하룻밤 둔다.

2 ••• 다음 날, 다른 볼에 남은 생크림 3큰술(45㎖)과 옥수수 전분을 넣고 거품기로 저어 섞는다. 마리 앙투아네트 티를 우려낸 크림을 체에 내리는데, 이때 찻잎을 꾹꾹 눌러서 향과 맛을 최대한 추출한다. 필요하다면 생크림을 조금 추가해서 정량인 ⅔컵(160㎖)을 맞춘다.

3 ••• 소스팬에 티를 우려낸 크림과 설탕을 넣고 끓을 때까지 가열한다. 이것을 옥수수 전분과 생크림 혼합물에 섞고, 소스팬으로 옮겨서 적당히 걸쭉하고 매끄럽게 될 때까지 약한 불에서 약 30초 가량 끓여 볼에 담는다.

4 ••• 화이트 초콜릿을 뜨거운 크림 혼합물에 넣고 스패츌러로 천천히 부드럽게 섞으면서 식힌다. 온도가 45℃가 되면 푸드 프로세서에 옮겨 담고, 버터를 조금씩 넣으면서 매끄러운 크림 상태가 될 때까지 돌린다. 완성된 크림 필링을 그라탱 접시에 담고 비닐랩을 크림 표면에 직접 닿게 덮어서 최소 2시간 또는 짤 수 있을 만큼 굳을 때까지 냉장고에 넣어둔다.

5 ••• 반죽에 파란색 식용색소를 몇 방울 넣어 클래식 아몬드 마카롱 셸(기본 레시피 p.290)을 만든다.

6 ••• 원형 깍지를 끼운 짤주머니에 마리 앙투아네트 티 크림을 스푼으로 떠 넣는다. 마리 앙투아네트 티 크림 필링을 마카롱 셸의 평평한 면에 작고 봉긋한 모양으로 짠 다음 다른 셸로 덮는다.

마카롱은 서빙하기 전에 최소 12시간 냉장보관한다.

Pain d'Épice

팽 데피스

CREATED IN 2004

· • • • ·

FLAVOUR

향이 첨가된 클래식 아몬드 셸, 진저브레드 크림 필링

· • • • ·

BEST WHEN PAIRED WITH

라뒤레 셰리 티

LADURÉE
Paris

Gingerbread
Macarons

진저브레드 마카롱

· • • •

약 50개 분량

준비시간 : 1시간 20분

조리시간 : 14분

추출시간 : 하룻밤

냉장시간 : 2시간 + 최소 12시간

진저브레드 크림 :

생크림 ⅔컵(160㎖) + 3큰술(45㎖)

바닐라 빈 1개

시나몬 가루 2작은술(5g)

팔각 가루 ¾작은술(2g)

옥수수 전분 4½작은술(15g)

꿀(가능하면 밤꿀) 3½큰술(70g)

굵게 다진 화이트 초콜릿 100g

부드러운 무염버터 7½큰술(110g)

오렌지 마멀레이드 3큰술(60g)

마카롱 셸 :

기본 레시피(p.290) + 시나몬 가루

+ 팔각 가루 + 식용색소 갈색

조리 도구 :

작은 소스팬

거품기

디지털 탐침 온도계(당과용)

푸드 프로세서

지름 10㎜의 원형 깍지를 끼운
짤주머니

1 ●● 마카롱을 만들기 전날, 진저브레드 크림 필링을 만든다. 먼저 생크림 ⅔컵(160㎖)을 소스팬에 따르고, 바닐라 빈을 반으로 갈라 씨들을 작은 칼로 긁어 넣는다. 여기에 시나몬 가루와 팔각 가루를 넣고 끓기 직전까지 끓여서 불을 끈 다음 서늘한 곳에 하룻밤 둔다.

2 ●● 다음 날, 다른 볼에 남은 생크림 3큰술(45㎖)과 옥수수 전분을 넣고 거품기로 저어 섞는다. 소스팬에 향신료의 향을 우려낸 크림과 꿀을 넣어서 살짝 끓인 다음 옥수수 전분과 생크림을 섞은 혼합물에 넣고 거품기로 세게 저어서 섞는다. 이것을 다시 소스팬에 담아서 걸쭉하고 매끄럽게 될 때까지 약한 불에서 약 30초 가량 거품기로 계속 저으면서 끓여 볼에 붓는다.

3 ●● 화이트 초콜릿을 뜨거운 크림 혼합물에 넣고 스패츌러로 부드럽게 저어서 섞다가 온도가 45°C로 내려가면 푸드 프로세서에 옮겨 담는다. 여기에 버터를 조금씩 넣으면서 매끄러운 크림처럼 될 때까지 푸드 프로세서를 돌리고, 오렌지 마멀레이드를 조심스럽게 넣는다. 완성된 크림을 그라탱 접시에 담고, 비닐랩을 크림 표면에 닿게 덮어서 최소 2시간 또는 짤 수 있을 만큼 굳을 때까지 냉장고에 넣어둔다.

4 ●● 반죽에 시나몬 가루 2작은술(5g)과 팔각 가루 ¾작은술(2g)을 넣고 갈색 식용색소를 몇 방울 떨어뜨려서 클래식 아몬드 마카롱 셸(기본 레시피 p.290)을 만든다.

5 ●● 원형 깍지를 끼운 짤주머니에 진저브레드 크림을 스푼으로 떠 넣는다. 진저브레드 크림 필링을 마카롱 셸의 평평한 면에 작고 봉긋한 모양으로 짠 다음 다른 셸로 덮는다.

마카롱은 서빙하기 전에 최소 12시간 냉장보관한다.

More Macaron Flavours...

Milk Chocolate 밀크 초콜릿

CREATION IN 2003
FLAVOUR : 초콜릿 브라운 셸, 밀크 초콜릿 가나슈 필링
BEST WHEN PAIRED WITH : 핫 초콜릿

Chocolate-Praline 초콜릿 프랄린

CREATION IN 1993
FLAVOUR : 클래식 아몬드 셸, 초콜릿 프랄린 크림 필링
BEST WHEN PAIRED WITH : 비엔나 초콜릿

Yunnan Tea 윈난 티

CREATION IN 2000
FLAVOUR : 아이보리 셸, 윈난(雲南) 티 크림 필링
BEST WHEN PAIRED WITH : 윈난 그린티

Darjeeling Tea 다즐링 티

CREATION IN 2008

FLAVOUR : 크림색 셸, 다즐링 티 크림 필링

BEST WHEN PAIRED WITH : 다즐링 남링 티

Java Pepper 자바 페퍼

CREATION IN 2005

FLAVOUR : 그레이 셸, 자바 페퍼 크림 필링

BEST WHEN PAIRED WITH : 다즐링 남링 티

Orange-Ginger 오렌지 진저

CREATION IN 2012

FLAVOUR : 오렌지 셸, 오렌지 생강 잼 필링

BEST WHEN PAIRED WITH : 우롱 오렌지 블라섬 티

Yuzu-Ginger 유자 진저

CREATION IN 2013
FLAVOUR : 옐로 셸, 유자 생강 크림 필링
BEST WHEN PAIRED WITH : 센차야마토[Senchayamato, 야마토 지역의 전차 (煎茶)] 그린티

Cinnamon-Raisin 시나몬 레이즌

CREATION IN 2011
FLAVOUR : 시나몬 셸, 시나몬 건포도 크림
BEST WHEN PAIRED WITH : 라뒤레 오델로 티

Praline-Sesame 프랄린 세서미

CREATION IN 2014
FLAVOUR : 아이보리 셸, 프랄린 참깨 크림 필링
BEST WHEN PAIRED WITH : 라뒤레 셰리 티

Coffee-Cardamom 커피 카르다몸

CREATION IN 2010
FLAVOUR : 커피 셸, 커피 카르다몸(소두구) 크림 필링
BEST WHEN PAIRED WITH : 비엔나 커피

Casablanca 카사블랑카

CREATION IN 2012
FLAVOUR : 황갈색 셸, 아몬드 허니 오렌지 블라섬 크림 필링
BEST WHEN PAIRED WITH : 라뒤레 밀 에 윈 뉘 티

Rum-Vanilla 럼 바닐라

CREATION IN 2014
FLAVOUR : 골든 셸, 숙성 럼 버번 바닐라 크림 필링
BEST WHEN PAIRED WITH : 럼주

Special Day
특별한 날에

Mille et Une Nuits

밀 에 윈 뉘

CREATED IN 2006

- - - - -

FLAVOUR

프룬(진보라색), 클래식 아몬드 셸, 향신료 크림 필링

- - - - -

BEST WHEN PAIRED WITH

라뒤레 밀 에 윈 뉘 티

Arabian Nights
Macarons

아라비안 나이트 마카롱

• • • •

약 50개 분량

준비시간 : 1시간 30분
조리시간 : 14분
추출시간 : 하룻밤
냉장시간 : 2시간＋최소 12시간

향신료 크림 :
생크림 ⅔컵(160㎖)＋3큰술(45㎖)
바닐라 빈 ½개
시나몬 스틱 1개, 팔각 1개

옥수수 전분 4½작은술(15g)
백설탕 ½컵(100g)
굵게 다진 화이트 초콜릿 100g
부드러운 무염버터 7½큰술(110g)
다진 캔디드 오렌지 30g
다진 캔디드 무화과 30g

마카롱 셸 :
기본 레시피(p.290)

＋식용색소 바이올렛(보라색)

조리 도구 :
작은 소스팬
거품기
디지털 탐침 온도계(당과용)
푸드 프로세서
지름 10㎜의 원형 깍지를 끼운
　짤주머니

SPECIAL DAY
특별한 날에

1 •• 마카롱을 만들기 전날, 향신료 크림 필링을 만든다. 먼저 소스팬에 생크림 ⅔컵(160㎖)을 담고, 바닐라 빈을 반으로 갈라 씨들을 긁어 넣고 껍질도 통째로 넣는다. 여기에 시나몬 스틱과 팔각을 넣고 끓기 직전에 불을 꺼서 크림에 향이 배어 나오도록 서늘한 곳에 하룻밤 둔다.

2 •• 다음 날, 다른 볼에 남은 크림 3큰술(45㎖)과 옥수수 전분을 넣고 거품기로 저어 섞는다. 향신료의 향을 우려낸 크림은 소스팬에 따라서 살짝 끓이고, 옥수수 전분과 생크림 혼합물에 넣어 거품기로 세게 저어 섞는다. 이것을 다시 소스팬에 옮겨 담고, 약한 불에서 걸쭉하고 매끄럽게 될 때까지 약 30초 가량 거품기로 계속 저으면서 끓여 볼에 담는다.

3 •• 화이트 초콜릿을 뜨거운 크림 혼합물에 넣고 스패츌러로 조금씩 천천히 섞는다. 온도가 45℃가 되면 푸드 프로세서에 옮겨 담고, 버터를 조금씩 넣으면서 매끄러운 크림 상태가 될 때까지 돌린다. 이 것을 볼에 붓고 설탕에 조린 캔디드 오렌지와 무화과 다진 것을 넣고 스패츌러로 부드럽게 접듯이 섞는다. 비닐랩을 크림과 닿게 씌우고 최소 2시간 또는 짤 수 있을 만큼 굳을 때까지 냉장고에 넣어둔다.

4 •• 반죽에 바이올렛 식용색소를 몇 방울 넣어 클래식 아몬드 마카롱 셸(기본 레시피 p.290)을 만든다.

5 •• 원형 깍지를 끼운 짤주머니에 향신료 크림을 스푼으로 떠 넣는다. 크림 필링을 마카롱 셸의 평평한 면에 작고 봉긋한 모양으로 짠 다음 다른 셸로 덮는다.

마카롱은 서빙하기 전에 최소 12시간 냉장보관한다.

187

Saveurs de Noël

사뵈르 드 노엘

CREATED IN 2012

·····

FLAVOUR

초콜릿 셸, 초콜릿 오렌지 가나슈 필링

·····

BEST WHEN PAIRED WITH

라뒤레 프레스티지 브뤼트 샴페인

Quintessentially Christmas
Macarons

퀸터센셜리 크리스마스 마카롱

· ● ● ● ·

약 50개 분량

준비시간 : 1시간 10분

조리시간 : 14분

냉장시간 : 1시간 + 최소 12시간

바닐라 빈 ½개

시나몬 스틱 1개

팔각 1개

지름 10mm의 원형 깍지를 끼운
짤주머니

초콜릿 오렌지 가나슈 :

다크 초콜릿(카카오 70%) 290g

생크림 4½큰술(70㎖)

오렌지즙 7큰술(100㎖)

감귤즙 7큰술(100㎖)

마카롱 셸 :

기본 레시피(p.294)

조리 도구 :

작은 소스팬

1 ••• 초콜릿 오렌지 가나슈 필링을 준비한다. 먼저 초콜릿을 칼로 잘게 다져서 볼에 담는다. 작은 소스 팬에 생크림, 즙, 향신료를 모두 넣고 끓여서 향이 우러나도록 15분 정도 둔다. 크림 혼합물을 다시 살짝 끓여서 체에 거른 다음 다크 초콜릿이 담긴 볼에 3번에 나누어 넣으면서 나무주걱으로 골고루 잘 섞는다. 비닐랩을 초콜릿 오렌지 가나슈 표면에 닿게 씌운다.

2 ••• 초콜릿 오렌지 가나슈를 실온에서 식히고, 1시간 또는 짤 수 있을 만큼 충분히 단단해질 때까지 냉장고에 넣어둔다.

3 ••• 초콜릿 마카롱 셸(기본 레시피 p.294)을 만든다.

4 ••• 원형 깍지를 끼운 짤주머니에 초콜릿 오렌지 가나슈를 스푼으로 떠 넣고, 마카롱 셸의 평평한 면에 작고 봉긋한 모양으로 짠 다음 다른 셸로 덮는다.

마카롱은 서빙하기 전에 최소 12시간 냉장보관한다.

Soleil

솔레유

CREATED IN 2010

· • • • ·

FLAVOUR

오렌지, 클래식 아몬드 셸, 오렌지 패션 프루트 마멀레이드 필링

· • • • ·

BEST WHEN PAIRED WITH

라뒤레 루아 솔레유 티

Le Perroquet grand Lori mâle
Le Perroquet Cendré
Le Perroquet Couraou

Orange - Passion Fruit
Macarons

오렌지 패션 프루트 마카롱

· · · · ·

약 50개 분량

준비시간 : 1시간 20분
조리시간 : 14분
냉장시간 : 하룻밤 + 최소 12시간

오렌지 패션 프루트 마멀레이드 :
껍질의 왁스를 제거한 오렌지
　5개
패션 프루트 3개
물 7큰술(100㎖)

백설탕 ½컵 + 1큰술(110g)
펙틴 가루 1작은술

마카롱 셸 :
기본 레시피(p.290)
　+ 식용색소 오렌지색

조리 도구 :
소스팬

핸드 블렌더
지름 10㎜의 원형 깍지를 끼운
　짤주머니

1 ●•• 마카롱을 만들기 전날, 오렌지 패션 프루트 마멀레이드 필링을 만든다. 오렌지를 껍질을 벗기지 않고 한 쪽씩 떼어서 끓는 물에 2번 살짝 데쳐낸 다음 물을 따라 버린다. 패션 프루트는 반으로 잘라서 과육과 씨를 모두 파내고 과즙과 함께 소스팬에 담는다. 여기에 설탕 7큰술(85g)과 데친 오렌지 조각을 넣고 2분마다 저으면서 약 30분 징도 끓인디.

2 ●•• 끓인 과일 혼합물은 핸드 블렌더를 이용해 과육이 조금 보이는 정도로 걸쭉하게 만드나. 이렇게 만든 오렌지 패션 프루트 마멀레이드를 볼에 담아서 냉장고에 하룻밤 넣어둔다.

3 ●•• 다음 날, 반죽에 오렌지색 식용색소를 몇 방울 넣어 클래식 아몬드 마카롱 셀(기본 레시피 p.290)을 만든다.

4 ●•• 원형 깍지를 끼운 짤주머니에 오렌지 패션 프루트 마멀레이드를 스푼으로 떠 넣고, 마카롱 셀의 평평한 면에 작고 봉긋한 모양으로 짠 다음 다른 셀로 덮는다.

마카롱은 서빙하기 전에 최소 12시간 냉장보관한다.

Champagne Rosé

샹파뉴 로제

CREATED IN 2003
for Les Caves Taillevent

· • ● • ·

FLAVOUR
핑크, 클래식 아몬드 셸, 핑크 샴페인 크림 필링

· • ● • ·

BEST WHEN PAIRED WITH
라뒤레 핑크 샴페인

Pink Champagne
Macarons

핑크 샴페인 마카롱

• • • •

약 50개 분량

준비시간 : 1시간 30분
조리시간 : 14분
냉장시간 : 2시간 + 최소 12시간

핑크 샴페인 크림 :
생크림 2큰술(25㎖)
옥수수 전분 4½작은술(15g)
핑크 샴페인 ¾컵 + 1큰술(200㎖)
백설탕 ½컵(100g)

굵게 다진 화이트 초콜릿 100g
부드러운 무염버터
7½큰술(110g)

마카롱 셸 :
기본 레시피(p.290)
  + 식용색소 분홍색

조리 도구 :
작은 소스팬
거품기
디지털 탐침 온도계(당과용)
푸드 프로세서
지름 10mm의 원형 깍지를 끼운
  짤주머니

1 ••• 핑크 샴페인 크림 필링을 준비하는데, 먼저 옥수수 전분에 생크림을 넣어 섞는다. 작은 소스팬에 샴페인과 설탕을 넣어 살짝 끓인 다음, 옥수수 전분과 생크림을 섞은 혼합물에 넣으면서 거품기로 세게 저어 섞는다. 모두 섞이면 소스팬에 담아 약한 불에서 걸쭉하고 매끄럽게 될 때까지 30초 정도 계속 저으면서 끓여 볼에 담는다.

2 ••• 뜨거운 크림 혼합물에 화이트 초콜릿을 넣고 스패츌러로 부드럽게 저어서 섞는다. 식어서 온도가 45℃가 되면 푸드 프로세서에 붓고, 버터를 조금씩 넣으면서 돌려 매끄러운 크림 상태를 만든다. 이것을 그라탱 접시에 담고 비닐랩이 크림에 직접 닿게 밀착시켜 덮은 다음 2시간 또는 짤 수 있을 만큼 굳을 때까지 냉장고에 넣어둔다.

3 ••• 반죽에 분홍색 식용색소를 몇 방울 떨어뜨려 넣고 클래식 아몬드 마카롱 셸(기본 레시피 p.290)을 만든다.

4 ••• 원형 깍지를 끼운 짤주머니에 핑크 샴페인 크림 필링을 스푼으로 떠 넣고, 마카롱 셸의 평평한 면에 작고 봉긋한 모양으로 짠 다음 다른 셸로 덮는다.

마카롱은 서빙하기 전에 최소 12시간 냉장보관한다.

오르

CREATED IN 2001

· • • •

FLAVOUR

금박, 초콜릿 셸, 초콜릿 가나슈 필링

· • • •

BEST WHEN PAIRED WITH

라뒤레 프레스티지 브뤼트 샴페인

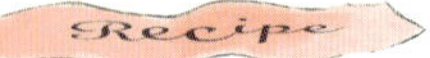

Gilded Chocolate
Macarons

길디드 초콜릿 마카롱

• • • •

약 50개 분량

준비시간 : 1시간 10분

조리시간 : 14분

냉장시간 : 1시간＋최소 12시간

초콜릿 가나슈 :

다크 초콜릿(카카오 66%) 290g

생크림 1컵＋2큰술(270㎖)

부드러운 무염버터 4큰술(60g)

마카롱 셸 :

기본 레시피(p.294)

　＋장식용 식용 금박

조리 도구 :

작은 소스팬

지름 10mm의 원형 깍지를 끼운

　짤주머니

페이스트리 브러시

1 •• 초콜릿 가나슈 필링을 준비하는데, 먼저 칼로 초콜릿을 잘게 다져서 볼에 담는다. 생크림은 작은 소스팬에 넣어서 살짝 끓인 다음 다크 초콜릿이 담긴 볼에 3번에 나누어 넣으면서 나무주걱으로 고루 잘 섞이게 젓는다. 버터를 조금씩 넣으면서 매끄럽게 될 때까지 저어 그라탱 접시에 담고, 비닐랩을 초콜릿 가나슈 표면에 닿게 덮는다.

2 •• 초콜릿 가나슈를 실온에서 식히고, 1시간 또는 짤 수 있을 만큼 굳을 때까지 냉장고에 넣어둔다.

3 •• 초콜릿 마카롱 셸(기본 레시피 p.294)을 만든다.

4 •• 원형 깍지를 끼운 짤주머니에 초콜릿 가나슈를 스푼으로 떠 넣고, 마카롱 셸의 평평한 면에 작고 봉긋한 모양으로 짠 다음 다른 셸로 덮는다.

마카롱은 서빙하기 전에 최소 12시간 냉장보관한다.

5 •• 서빙하기 직전 마지막으로, 페이스트리 브러시를 이용해 마카롱 윗면에 물을 바르고 조심스럽게 식용 금박을 붙인다. 나머지 마카롱도 같은 작업을 반복한다.

Argent

아르장

CREATED IN 2001

FLAVOUR

은박, 클래식 아몬드 셸, 초콜릿 가나슈 필링

BEST WHEN PAIRED WITH

라뒤레 프레스티지 브뤼트 샴페인

Silvery Vanilla
Macarons

실버리 바닐라 마카롱

• • • •

약 50개 분량

준비시간 : 1시간 30분

조리시간 : 14분

추출시간 : 하룻밤

냉장시간 : 2시간 + 최소 12시간

바닐라 크림 :

생크림 ⅔컵(160㎖)

　+ 3큰술(45㎖)

마다가스카르 바닐라 빈 1개

옥수수 전분 4½작은술(15g)

백설탕 ½컵(100g)

굵게 다진 화이트 초콜릿 100g

부드러운 무염버터

　7½큰술(110g)

마카롱 셸 :

기본 레시피(p.292)

　+ 장식용 식용 은박

조리 도구 :

거품기, 작은 소스팬

디지털 탐침 온도계(당과용)

푸드 프로세서

지름 10mm의 원형 깍지를 끼운

　짤주머니

페이스트리 브러시

1 ••• 마카롱을 만들기 전날, 바닐라 크림 필링을 만든다. 먼저 소스팬에 생크림 ⅔컵(160㎖)을 담고 바닐라 빈 씨와 껍질을 함께 넣어서 끓기 직전까지 끓이고, 향이 우러나도록 서늘한 곳에 하룻밤 둔다.

2 ••• 다음 날, 다른 볼에 남은 크림 3큰술(45㎖)과 옥수수 전분을 넣고 거품기로 저어 섞는다. 바닐라향이 가득한 크림을 체에 내려서 소스팬에 담고, 설탕을 넣어 살짝 끓인다. 이것을 옥수수 전분과 생크림 섞은 것에 넣고 거품기로 강하게 휘저어 소스팬에 담고, 약한 불에서 걸쭉하고 매끄럽게 될 때까지 거품기로 저으면서 약 30초 가량 끓여 볼에 붓는다.

3 ••• 화이트 초콜릿을 뜨거운 크림 혼합물에 넣고 스패츌러로 조금씩 천천히 섞는다. 식어서 온도가 45℃가 되면 푸드 프로세서에 옮겨 담고, 버터를 조금씩 넣으면서 매끄러운 크림저럼 될 때까지 돌린다. 이것을 그라탱 접시에 붓고 비닐랩을 크림 표면에 닿게 덮어서 최소 2시간 또는 짤 수 있을 만큼 굳을 때까지 냉장고에 넣어둔다.

4 ••• 바닐라 마카롱 셸(기본 레시피 p.292)을 만든다.

5 ••• 원형 깍지를 끼운 짤주머니에 바닐라 크림을 스푼으로 떠 넣고, 마카롱 셸의 평평한 면에 작고 봉긋한 모양으로 짠 다음 다른 셸로 덮는다.

마카롱은 서빙하기 전에 최소 12시간 냉장보관한다.

6 ••• 서빙하기 직전 마지막으로, 페이스트리 브러시를 이용해 마카롱의 윗면에 물을 바르고 조심스럽게 식용 은박을 붙인다. 나머지 마카롱도 같은 작업을 반복한다.

More Macaron Flavours...

Chestnut-Pear 체스너트 페어

CREATION IN 2011
FLAVOUR : 체스너트 브라운 셸, 밤 배 크림 필링
BEST WHEN PAIRED WITH : 라뒤레 프레스티지 브뤼트 샴페인

Chocolate-Passion Fruit-Coconut
초콜릿 패션 프루트 코코넛

CREATION IN 2013
FLAVOUR : 코코넛 셸, 초콜릿 패션 프루트 가나슈 필링
BEST WHEN PAIRED WITH : 라뒤레 프레스티지 브뤼트 샴페인

Coppery Chocolate 코퍼리 초콜릿

CREATION IN 2001
FLAVOUR : 동박, 초콜릿 셸, 다크 초콜릿 가나슈 필링
BEST WHEN PAIRED WITH : 라뒤레 프레스티지 브뤼트 샴페인

Slav 슬라브

CREATION IN 2009
FLAVOUR : 바닐라 셸, 키르슈(kirsch, 버찌 증류주) 캔디드 프루트 크림 필링
BEST WHEN PAIRED WITH : 키르슈 리큐어

Vodka 보드카

CREATION IN 2009
FLAVOUR : 글레이셜 블루 셸, 보드카 크림 필링
BEST WHEN PAIRED WITH : 보드카

Cognac 코냑

CREATION IN 2013
FLAVOUR : 호박색 셸, 숙성 코냑 크림 필링
BEST WHEN PAIRED WITH : 숙성 코냑

Sweet Love

달콤한 사랑

Cœur Rose-Framboise

퀴르 로즈 프랑부아즈

CREATED IN 2000

......

FLAVOUR

핑크, 클래식 아몬드 셸, 라즈베리 잼 & 로즈 크림 필링

......

BEST WHEN PAIRED WITH

라뒤레 핑크 샴페인

amour

Raspberry-Rose Heart
Macarons

라즈베리 로즈 하트 마카롱

• • • •

약 50개 분량

준비시간 : 1시간 45분

조리시간 : 14분

냉장시간 : 최소 12시간

라즈베리 잼 :

백설탕 1컵＋2큰술(225g)

펙틴 가루 2작은술

라즈베리 375g

체에 거른 레몬즙 ½개 분량

로즈 크림 :

백설탕 1컵(200g), 물 3½큰술(50㎖)

큰 달걀노른자 3개(75g)

부드러운 무염버터 250g

로즈시럽 1큰술(15㎖)

로즈워터 2작은술(10㎖)

마카롱 셸 :

기본 레시피(p.290)

＋식용색소 분홍색

조리 도구 :

지름 10㎜의 원형 깍지를 끼운

　짤주머니

소스팬, 핸드 블렌더

디지털 탐침 온도계(당과용)

스탠드 전기 믹서＋거품날

1 ••· 반죽에 분홍색 식용색소를 몇 방울 떨어뜨려 넣고 클래식 아몬드 마카롱 셸(기본 레시피 p.290)을 만든다. 이것을 지름 10㎜의 원형 깍지를 끼운 짤주머니에 넣어서 베이킹 시트에 하트모양으로 짜 놓는다.

2 ••· 라즈베리 잼 필링을 준비하는데, 먼저 볼에 설탕과 펙틴 가루를 넣어 섞는다. 소스팬에 라즈베리를 넣고 핸드 블렌더로 걸쭉한 과육을 만들어 따뜻하게 데우고, 설탕과 펙틴 가루 혼합물을 넣어 섞는다. 여기에 레몬즙을 넣고 중간 불에서 2분 정도 끓인다.

3 ••· 라즈베리 잼을 볼에 옮겨 담고 비닐랩을 씌워서 차게 식을 때까지 한쪽에 두었다가 냉장고에 넣어둔다.

4 ••· 로즈 크림 필링을 준비하는데, 먼저 작은 소스팬에 설탕과 물을 넣고 설탕이 물에 섞일 정도로만 저어서 120℃까지 펄펄 끓인다. 스탠드 믹서에 거품날을 끼우고, 달걀노른자를 믹싱볼에 넣어 강하게 휘젓는다. 믹서를 중간 속도로 돌리면서 노른자가 들어 있는 믹싱볼의 안쪽 면을 따라 끓인 시럽을 천천히 흘려 넣는다. 믹서의 속도를 높여서 온도가 40℃로 떨어질 때까지 강하게 휘젓고, 버터를 조금씩 넣어 섞는다. 혼합물이 차고 매끄러운 크림처럼 될 때까지 섞은 다음 로즈시럽과 로즈워터를 넣는다. ⇒

5 ••• 원형 깍지를 끼운 짤주머니에 라즈베리 잼을 스푼으로 떠 넣는다. 모든 마카롱 셀에 잼을 펴바르는데, 평평한 면에 작고 봉긋한 모양으로 조금 짠 다음 작은 스패츌러로 셀 전체에 펴바르고, 잼이 있는 면을 위로 하여 냉장고에 10분 정도 넣어둔다.

6 ••• 이번에는 원형 깍지를 끼운 짤주머니에 로즈 크림을 스푼으로 떠 넣는다. 그리고 잼을 바른 마카롱 셀의 절반만 셀 가장자리를 따라 하트 모양으로 조심스럽게 크림을 짜고, 가운데 부분까지 채운 다음 다른 셀로 덮는다. 이렇게 완성된 마카롱은 마카롱 셀, 라즈베리 잼, 로즈 크림, 그리고 다시 라즈베리잼, 마카롱 셀로 이루어진 5층이 된다.

마카롱은 서빙하기 전에 최소 12시간 냉장보관한다.

amour ♥
amore ♥ love ♥

Caramel-Muscovado

카라멜 머스커바도

CREATED IN 2003

FLAVOUR

다크 브라운, 클래식 아몬드 셸, 머스커바도(정제하지 않은 흑설탕) 크림 필링

BEST WHEN PAIRED WITH

센차야마토[Senchayamato, 야마토 지역의 전차(煎茶)] 그린티

«...avec toi il me semble
que j'ai dormi dans le lit des étoiles»

Caramel-Muscovado
Triple-Macarons

캐러멜 머스커바도 트리플 마카롱

• • • •

약 50개 분량

준비시간 : 1시간 30분

조리시간 : 14분

냉장시간 : 2시간 + 최소 12시간

머스커바도 크림 :

생크림 3큰술(45㎖)
　+½컵(125㎖)
옥수수 전분 4½작은술(15g)
다크 브라운 머스커바도 설탕

⅔컵(130g)
굵게 다진 화이트 초콜릿 100g
부드러운 무염버터
　7½큰술(110g)

마카롱 셸 :

기본 레시피(p.290)
　+식용색소 캐러멜 브라운색

조리 도구 :

거품기

작은 소스팬

디지털 탐침 온도계(당과용)

푸드 프로세서

지름 10mm의 원형 깍지를 끼운
　짤주머니

234

SWEET LOVE
달콤한 사랑

1 ••· 머스커바도 크림 필링을 준비하는데, 먼저 볼에 옥수수 전분과 생크림 3큰술(45㎖)을 넣어 거품기로 잘 저어 섞는다. 남은 크림은 작은 소스팬에 머스커바도 설탕과 함께 넣고 저어서 조금 끓어 오를 때까지 가열한 다음 옥수수 전분과 생크림을 섞은 혼합물에 붓고 거품기로 세게 저어 섞는다. 이것을 다시 소스팬에 옮겨 담고 걸쭉하고 매끄럽게 될 때까지 약한 불에서 약 30초 동안 거품기로 계속 저으면서 끓여 볼에 붓는다.

2 ••· 화이트 초콜릿을 뜨거운 크림 혼합물에 넣고 스패츌러로 조금씩 부드럽게 저어서 섞는다. 식어서 온도가 45℃가 되면 푸드 프로세서에 붓고, 여기에 버터를 조금씩 넣으면서 매끄러운 크림처럼 될 때까지 돌린다. 크림 필링을 그라탱 접시에 붓고 비닐랩을 크림 표면에 직접 닿게 덮은 다음, 2시간 또는 짤 수 있을 만큼 단단해질 때까지 냉장고에 넣어둔다.

3 ••· 반죽에 캐러멜 브라운색 식용색소를 몇 방울 떨어뜨려 넣고 클래식 아몬드 마카롱 셸(기본 레시피 p.290)을 만든다.

4 ••· 원형 깍지를 끼운 짤주머니에 머스커바도 크림을 스푼으로 떠 담고, 준비한 마카롱 셸의 ⅓만 평평한 면에 크림 필링을 작고 봉긋한 모양으로 짜고 다른 셸로 덮는다. 그리고 마카롱을 아주 좋아하는 사람들을 위해, 그 위에 또 한 번 크림 필링을 짜고 마카롱 셸 하나를 덮는다. 이렇게 완성된 마카롱은 마카롱 셸, 머스커바도 크림, 마카롱 셸, 그리고 또 머스커바도 크림과 마카롱 셸이 있는 5층이 된다.

마카롱은 서빙하기 전에 최소 12시간 냉장보관한다.

235

Fruits des Bois - Jasmin

프뤼 데 부아 자스맹

CREATED IN 2014

····

FLAVOUR

레드, 클래식 아몬드 셸, 베리 재스민 잼

····

BEST WHEN PAIRED WITH

라뒤레 조제핀 티

Berry-Jasmine
Macarons

베리 재스민 마카롱

• • • •

약 50개 분량

준비시간 : 1시간 15분
조리시간 : 14분
냉장시간 : 최소 12시간

베리 재스민 잼 :
백설탕 1컵 + 2큰술(225g)
펙틴 가루 2작은술
블랙커런트 80g
라즈베리 120g

레드커런트 50g
블랙베리 100g
블루베리 50g
체에 거른 레몬즙 ½개 분량
100% 재스민 에센스 2방울

마카롱 셸 :
기본 레시피(p.290)
　+식용색소 붉은색

조리 도구 :
소스팬
핸드 블렌더
지름 10㎜의 원형 깍지를 끼운
　짤주머니

1 ••· 반죽에 붉은색 식용색소를 몇 방울 떨어뜨려 넣고 클래식 아몬드 마카롱 셀(기본 레시피 p.290)을 만든다.

2 ••· 베리 재스민 잼 필링을 준비하는데, 민저 볼에 설딩과 펙딘 가구를 넣어 섞는다. 베리 종류를 모두 소스팬에 담고 핸드 블렌더를 이용해 걸쭉한 과육 상태로 만든다. 이것을 따뜻하게 데우고 설탕과 펙틴 가루를 섞은 혼합물을 넣어 섞은 다음 레몬즙을 넣고 중간 불로 2분 정도 끓인다.

3 ••· 잼을 볼에 붓고 비닐랩을 덮어서 차가워질 때까지 한쪽에 두었다가 냉장고에 넣는다.

4 ••· 냉장고에 보관한 베리 재스민 잼을 꺼내서 재스민 에센스를 넣고 부드럽게 저어 섞는다.

5 ••· 원형 깍지를 끼운 짤주머니에 베리 재스민 잼을 스푼으로 떠 넣고, 마카롱 셀의 평평한 면에 필링을 작고 봉긋한 모양으로 짠 다음 다른 셀로 덮는다.

마카롱은 서빙하기 전에 최소 12시간 냉장보관한다.

Pamplemousse Rose-Vanille

팡플르무스 로즈 바니유

CREATED IN 2012

· · · · ·

FLAVOUR

핑크, 클래식 아몬드 셸, 핑크 자몽 바닐라 마멀레이드

· · · · ·

BEST WHEN PAIRED WITH

바닐라 티

éditions classiques
Fr. LISZT
Rêve d'Amour

Pink Grapefruit-Vanilla
Macarons

핑크 그레이프프루트 바닐라 마카롱

•••••

약 50개 분량

준비시간 : 1시간 20분
조리시간 : 14분
냉장시간 : 하룻밤＋최소 12시간

핑크 자몽 바닐라 마멀레이드 :
껍질의 왁스를 제거한 자몽 3개
바닐라 빈 2개
체에 거른 라임즙 1개 분량
물 7큰술(100㎖)

백설탕 ½컵＋2큰술(120g)
펙틴 가루 1작은술

마카롱 셸 :
기본 레시피(p.290)
　＋식용색소 분홍색

조리 도구 :
핸드 블렌더

작은 소스팬
지름 10㎜의 원형 깍지를 끼운
　짤주머니

1 ••• 마카롱을 만들기 전날, 핑크 자몽 바닐라 마멀레이드를 만든다. 자몽은 껍질을 벗기지 않고 부채꼴로 잘라서 끓는 물에 살짝 3번 데친 다음 물을 따라 버린다. 바닐라 빈은 씨들을 긁어서 껍질과 함께 소스팬에 넣고, 라임즙과 물 그리고 설탕을 ½컵 조금 안 되게(95g) 넣은 다음 데친 자몽까지 넣어서 약한 불에 끓인다. 2분마다 저으면서 약 30분 정도 끓이고 바닐라 빈을 건져낸다.

2 ••• 핸드 블렌더를 이용해 자몽 혼합물을 굵직하고 걸쭉한 과육 상태로 만들고, 펙틴 가루와 남은 설탕을 넣어서 끓인다. 완성된 핑크 자몽 바닐라 마멀레이드는 볼에 담아서 냉장고에 하룻밤 넣어둔다.

3 ••• 다음 날, 반죽에 분홍색 식용색소를 몇 방울 떨어뜨려 넣고 클래식 아몬드 마카롱 셸(기본 레시피 p.290)을 만든다.

4 ••• 원형 깍지를 끼운 짤주머니에 핑크 자몽 바닐라 마멀레이드를 스푼으로 떠 넣고, 마멀레이드 필링을 마카롱 셸의 평평한 면에 작고 봉긋한 모양으로 짠 다음 다른 셸로 덮는다.

마카롱은 서빙하기 전에 최소 12시간 냉장보관한다.

고야브

CREATED IN 2011

for the marriage of Prince Albert II of Monaco

• • ● • •

FLAVOUR

핑크, 클래식 아몬드 셸, 구아바 크림

• • ● • •

BEST WHEN PAIRED WITH

라뒤레 프레스티지 브뤼트 샴페인

Guava
Macarons

구아바 마카롱

• • • •

약 50개 분량

준비시간 : 1시간 30분
조리시간 : 14분
냉장시간 : 2시간 + 최소 12시간

구아바 크림 :
구아바즙 ¾컵 + 1큰술(200㎖)
옥수수 전분 4½작은술(15g)
다크 브라운 머스커바도 설탕
　½컵(100g)

굵게 다진 화이트 초콜릿 100g
부드러운 무염버터
　7½큰술(110g)

마카롱 셸 :
기본 레시피(p.290)
　+ 식용색소 분홍색

조리 도구 :
작은 소스팬
거품기
디지털 탐침 온도계(당과용)
푸드 프로세서
지름 10㎜의 원형 깍지를 끼운
　짤주머니

1 ••• 구아바 크림을 준비하는데, 먼저 볼에 구아바즙 3큰술(45㎖)을 붓고 옥수수 전분을 넣어 거품기로 고루 섞는다. 남은 즙은 작은 소스팬에 머스커바도 설탕과 함께 넣어서 살짝 끓인다. 이것을 옥수수 전분과 즙을 섞어둔 볼에 붓고 거품기로 힘 있게 저은 다음 소스팬에 옮겨 담고, 걸쭉하고 매끄럽게 될 때까지 약한 불에서 30초 동안 거품기로 계속 저어주며 끓여서 볼에 담는다.

2 ••• 화이드 초콜릿을 뜨거운 구아바즙 혼합물에 넣고 스페츌리로 조금씩 부드럽게 섞는다. 식이서 온도가 45℃가 되면 푸드 프로세서에 붓고, 버터를 조금씩 넣으면서 매끄러운 크림처럼 될 때까지 돌린다. 이것을 그라탱 접시에 붓고 비닐랩을 크림에 닿게 덮어서 2시간 또는 짤 수 있을 만큼 단단해질 때까지 냉장고에 넣어둔다.

3 ••• 반죽에 분홍색 식용색소를 몇 방울 떨어뜨려 넣고 클래식 아몬드 마카롱 셸(기본 레시피 p.290)을 만든다.

4 ••• 구아바 크림을 스푼으로 떠서 원형 깍지를 끼운 짤주머니에 넣고, 마카롱 셸의 평평한 면에 필링을 작고 봉긋한 모양으로 짠 다음 다른 셸로 덮는다.

마카롱은 서빙하기 전에 최소 12시간 냉장보관한다.

More Macaron Flavours...

Blackcurrant-Violet Heart
블랙커런트 바이올렛 하트

CREATION IN 2003

FLAVOUR : 바이올렛 셸, 블랙커런트 잼 & 크리스탈 바이올렛 크림 필링

BEST WHEN PAIRED WITH : 라뒤레 자르댕 블뢰 루아얄 티

Lime-Basil Heart 라임 바질 하트

CREATION IN 2005

FLAVOUR : 그린 셸, 라임 바질 크림 필링

BEST WHEN PAIRED WITH : 화이트 3 시트러스 커피

Liquorice-Caramel Heart 리커리시 캐러멜 하트

CREATION IN 2004

FLAVOUR : 블랙 셸, 소프트 솔트 캐러멜 필링

BEST WHEN PAIRED WITH : 라뒤레 셰리 아이스티

Scarlet Lady 스칼렛 레이디

CREATION IN 2011, for Madame Figaro
FLAVOUR : 립스틱-레드 셸, 새콤한 체리 & 바이올렛 & 로즈 크림 필링
BEST WHEN PAIRED WITH : 라뒤레 마리 앙투아네트 티

Rosanis 로자니스

CREATION IN 2007, for the florist Odorantes
FLAVOUR : 페일 핑크 셸, 장미 아니스 씨 크림 필링
BEST WHEN PAIRED WITH : 라뒤레 핑크 샴페인

Morello-Amaretto 머렐로 아마레토

CREATION IN 2002
FLAVOUR : 체리 레드 셸, 버찌와 쌉싸름한 아몬드 잼 필링
BEST WHEN PAIRED WITH : 라뒤레 멜랑주 스페샬 티

Candy Floss 캔디 플로스

CREATION IN 2003, for Elle Magazine, N° 3000
FLAVOUR : 핑크 셸, 어린 시절의 솜사탕 크림 필링
BEST WHEN PAIRED WITH : 라뒤레 핑크 샴페인

Red Diva 레드 디바

CREATION IN 2007
FLAVOUR : 브라이트 레드 셸, 향이 첨가된 바니울스(Banyuls, 프랑스 와인) 크림 필링
BEST WHEN PAIRED WITH : 라뒤레 프레스티지 브뤼트 샴페인

Raspberry-Star Anise 라즈베리-스타 아니스

CREATION IN 2011, for the marriage of Prince Albert II of Monaco
FLAVOUR : 레드 셸, 라즈베리 스타 아니스(팔각) 잼 필링
BEST WHEN PAIRED WITH : 라뒤레 프레스티지 브뤼트 샴페인

Peach 피치

CREATION IN 2014
FLAVOUR : 옐로 오렌지 셸, 복숭아 잼 필링
BEST WHEN PAIRED WITH : 아이스티

Triple Rose-Raspberry 트리플 로즈 라즈베리

CREATION IN 2002
FLAVOUR : 핑크 & 레드 셸, 라즈베리 잼 & 로즈 크림 필링
BEST WHEN PAIRED WITH : 라뒤레 핑크 샴페인

Triple Coffee-Chocolate 트리플 커피 초콜릿

CREATION IN 2002
FLAVOUR : 초콜릿 커피 셸, 다크 초콜릿 가나슈 & 커피 크림 필링
BEST WHEN PAIRED WITH : 카푸치노

Chocolate Love
초콜릿 사랑

Chocolat-Banane

쇼콜라 바난

CREATED IN 2012

⸳⸳●●⸳⸳

FLAVOUR

클래식 아몬드 셸, 초콜릿 바나나 가나슈 필링

⸳⸳●●⸳⸳

BEST WHEN PAIRED WITH

재스민 그린티

LADURÉE
Paris

Chocolate-Banana
Macarons

초콜릿 바나나 마카롱

• • • •

약 50개 분량

준비시간 : 1시간 10분
조리시간 : 14분
냉장시간 : 1시간 + 최소 12시간

초콜릿 바나나 가나슈 :
다크 초콜릿(카카오 70%) 290g
생크림 4½큰술(70g)
바나나즙 ¾컵 + 2큰술(200㎖)
부드러운 무염버터 4큰술(60g)

마카롱 셸 :
기본 레시피(p.292)

조리 도구 :
작은 소스팬
지름 10㎜의 원형 깍지를 끼운
　짤주머니

1 ••• 초콜릿 바나나 가나슈 필링을 준비한다. 먼저 칼로 초콜릿을 잘게 다져서 볼에 담고, 작은 소스팬에는 생그림괴 바나나즙을 넣어 끓어오를 때까지 가열한다. 뜨거운 크림을 다크 초콜릿에 3번에 나눠 부으면서 나무주걱으로 골고루 잘 저어 섞는다. 버터를 조금씩 넣으면서 매끈해질 때까지 저어 그라탱 접시에 붓고, 비닐랩을 초콜릿 가나슈 표면에 닿게 밀착시켜 덮는다.

2 ••• 가나슈를 실온에서 식히고, 1시간 또는 짤 수 있을 만큼 단단해질 때까지 냉장고에 넣어둔다.

3 ••• 바닐라 마카롱 셸(기본 레시피 p.292)을 만든다.

4 ••• 원형 깍지를 끼운 짤주머니에 초콜릿 바나나 가나슈를 스푼으로 떠 넣고, 마카롱 셸의 평평한 면에 필링을 작고 봉긋한 모양으로 짠 다음 다른 셸로 덮는다.

마카롱은 서빙하기 전에 최소 12시간 냉장보관한다.

Chocolat-Maracuja

쇼콜라 마라쿠자

CREATED IN 2008

FLAVOUR

오렌지, 초콜릿 조각을 뿌린 클래식 아몬드 셸, 초콜릿 패션 프루트(마라쿠자) 가나슈 필링

BEST WHEN PAIRED WITH

라뒤레 마틸드 티

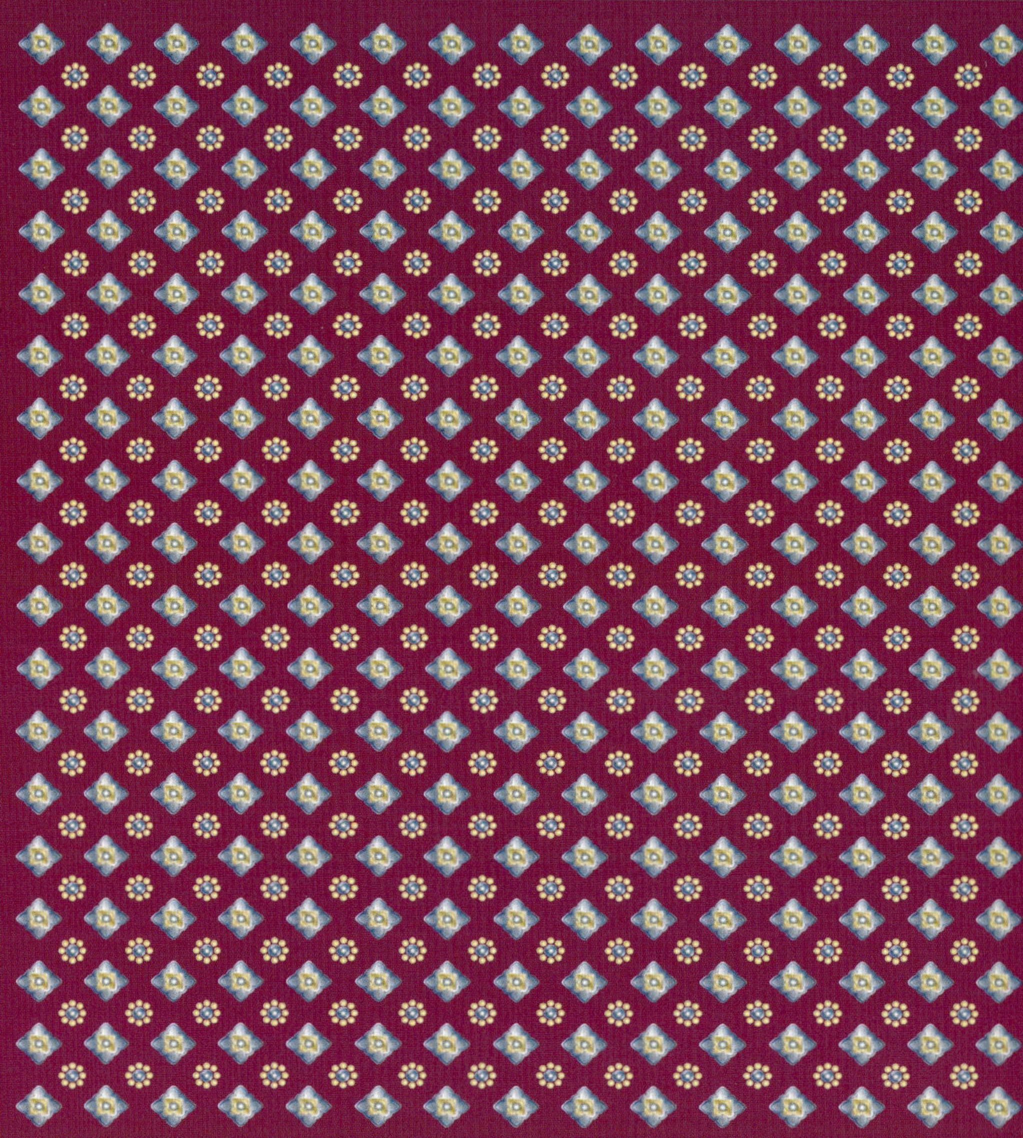

Chocolate-Passion Fruit
Macarons

초콜릿 패션 프루트 마카롱

• • ● • •

약 50개 분량

준비시간 : 1시간 10분

조리시간 : 14분

냉장시간 : 1시간 + 최소 12시간

초콜릿 패션 프루트 가나슈 :

다크 초콜릿(카카오 70%) 290g

패션 프루트 6개

생크림 ¾컵 조금 안 되게(170㎖)

부드러운 무염버터 4큰술(60g)

마카롱 셸 :

기본 레시피(p.290)

+식용색소 오렌지색

+초콜릿 조각 뿌릴 것

조리 도구 :

작은 소스팬

지름 10㎜의 원형 깍지를 끼운

짤주머니

1 ••• 초콜릿 패션 프루트 가나슈 필링을 준비한다. 먼저 칼로 초콜릿을 잘게 다져서 볼에 담고, 패션 프루트는 모두 반으로 잘라놓는다. 작은 소스팬에 패션 프루트의 과육과 씨를 파서 즙을 짜 넣고 생크림을 넣어 끓인다. 패션 프루트 즙을 넣어 끓인 크림을 다크 초콜릿 조각에 3번에 나누어 넣으면서 나무주걱으로 잘 저어 고루 섞는다.

2 ••• 버터를 조금씩 넣으면서 매끈해질 때까지 저어 그라탱 접시에 붓고, 비닐랩을 초콜릿 가나슈 표면에 닿게 밀착시켜 덮는다.

3 ••• 가나슈를 실온에서 식히고, 1시간 또는 짤 수 있을 만큼 단단해질 때까지 냉장고에 넣어둔다.

4 ••• 반죽에 오렌지색 식용색소를 몇 방울 떨어뜨려 넣고 클래식 아몬드 마카롱 셸(기본 레시피 p.290)을 만든다. 굽기 전, 준비한 마카롱 셸의 ½만 위에 초콜릿 조각을 흩뿌린다.

5 ••• 원형 깍지를 끼운 짤주머니에 초콜릿 패션 프루트 가나슈를 스푼으로 떠 넣고, 마카롱 셸의 평평한 면에 필링을 작고 봉긋한 모양으로 짠 다음 다른 셸로 덮는다.

마카롱은 서빙하기 전에 최소 12시간 냉장보관한다.

Chocolat-Yuzu

쇼콜라 유주

CREATED IN 2013

FLAVOUR

초콜릿 셸, 초콜릿 유자 가나슈 필링

BEST WHEN PAIRED WITH

얼 그레이

Chocolate-Yuzu
Macarons

초콜릿 유자 마카롱

• • • •

약 50개 분량

준비시간 : 1시간 10분
조리시간 : 14분
냉장시간 : 1시간 + 최소 12시간

초콜릿 유자 가나슈 :
다크 초콜릿(카카오 70%) 290g
생크림 4½큰술(70㎖)
유자즙 ¾컵 + 2큰술(200㎖)

마카롱 셸 :
기본 레시피(p.294)

조리 도구 :
작은 소스팬
지름 10mm의 원형 깍지를 끼운
　짤주머니

1 •• 초콜릿 유자 가나슈 필링을 준비한다. 먼저 칼로 초콜릿을 잘게 다져서 볼에 담고, 작은 소스팬에 생크림과 유자즙을 넣어 끓을 때까지 가열한다. 뜨거운 크림을 다크 초콜릿에 3번에 나누어 부으면서 나무주걱으로 잘 저어 고루 섞는다.

2 •• 가나슈를 실온에서 식히고, 1시간 또는 짤 수 있을 만큼 단단해질 때까지 냉장고에 넣어둔다.

3 •• 초콜릿 마카롱 셸(기본 레시피 p.294)을 만든다.

4 •• 원형 깍지를 끼운 짤주머니에 초콜릿 유자 가나슈를 스푼으로 떠 넣고, 마카롱 셸의 평평한 면에 필링을 작고 봉긋한 모양으로 짠 다음 다른 셸로 덮는다.

마카롱은 서빙하기 전에 최소 12시간 냉장보관한다.

Chocolat-Framboise

쇼콜라 프랑부아즈

CREATED IN 2006

· ●●● ·

FLAVOUR

초콜릿 조각을 뿌린 자홍색 셸, 초콜릿 라즈베리 가나슈 필링

· ●●● ·

BEST WHEN PAIRED WITH

아이스 초콜릿

Chocolate-Raspberry
Macarons

초콜릿 라즈베리 마카롱

• • • •

약 50개 분량

준비시간 : 1시간 30분
조리시간 : 14분
냉장시간 : 최소 12시간

초콜릿 라즈베리 가나슈 필링 :
다크 초콜릿(카카오 70%) 290g
생크림 1컵＋2큰술(270㎖)
라즈베리 잼(p.226 참고)
　7큰술(130g)

마카롱 셸 :
기본 레시피(p.290)
　＋식용색소 붉은색
　＋초콜릿 조각 뿌릴 것

조리 도구 :
작은 소스팬, 핸드 블렌더
지름 10㎜의 원형 깍지를 끼운
　짤주머니

CHOCOLATE LOVE
초콜릿 사랑

1 ••• 초콜릿 라즈베리 가나슈 필링을 준비한다. 먼저 칼로 초콜릿을 잘게 다져서 볼에 담고, 작은 소스 팬에 생크림을 넣어 끓인다. 뜨거운 크림을 다크 초콜릿에 3번에 나누어 부으면서 고루 섞일 때까지 나무주걱으로 잘 젓는다.

2 ••• 뜨거운 초콜릿 크림에 라즈베리 잼을 넣고 잘 섞어서 그라탱 접시에 붓고, 비닐랩을 초콜릿 가나슈 표면에 닿게 밀착시켜 덮는다. 가나슈를 실온에서 식히고, 1시간 또는 짤 수 있을 만큼 단단해질 때까지 냉장고에 넣어둔다.

3 ••• 반죽에 붉은색 식용색소를 몇 방울 떨어뜨려 넣고 클래식 아몬드 마카롱 셸(기본 레시피 p.290)을 만든다. 굽기 전, 준비한 마카롱 셸의 ½만 위에 초콜릿 조각을 흩뿌린다.

4 ••• 원형 깍지를 끼운 짤주머니에 초콜릿 라즈베리 가나슈를 스푼으로 떠 넣고, 마카롱 셸의 평평한 면에 필링을 작고 봉긋한 모양으로 짠 다음 다른 셸로 덮는다.

마카롱은 서빙하기 전에 최소 12시간 냉장보관한다.

More Macaron Flavours...

Madagascan Chocolate 마다가스칸 초콜릿

CREATION IN 2010
FLAVOUR : 초콜릿 셸, 100% 마다가스카르 초콜릿 70% 함량의 가나슈 필링
BEST WHEN PAIRED WITH : 아이스 초콜릿

Columbian Chocolate 컬럼비언 초콜릿

CREATION IN 2011
FLAVOUR : 초콜릿 셸, 100% 컬럼비아 초콜릿 70% 함량의 가나슈 필링
BEST WHEN PAIRED WITH : 핫 초콜릿

Ghanaian Chocolate 가니언 초콜릿

CREATION IN 2012
FLAVOUR : 초콜릿 셸, 100% 가나 초콜릿 72% 함량의 가나슈 필링
BEST WHEN PAIRED WITH : 핫 초콜릿

Brazilian Chocolate 브라질리언 초콜릿

CREATION IN 2013
FLAVOUR : 초콜릿 셸, 100% 브라질 초콜릿 62% 함량의 가나슈 필링
BEST WHEN PAIRED WITH : 랍상 소우총(Lapsang Souchong, 正山小種) 티

Venezuelan Chocolate 베네쥴리인 조골릿

CREATION IN 2011
FLAVOUR : 초콜릿 셸, 100% 베네수엘라 초콜릿 70% 함량의 가나슈 필링
BEST WHEN PAIRED WITH : 커피

Dominican Republic Chocolate

도미니칸 리퍼블릭 초콜릿

CREATION IN 2012
FLAVOUR : 초콜릿 셸, 100% 도미니크공화국 초콜릿 72% 함량의 가나슈 필링
BEST WHEN PAIRED WITH : 핫 초콜릿

Chocolate-Red Fruit 초콜릿 레드 프루트

CREATION IN 2008
FLAVOUR : 레드 셸, 초콜릿 레드 프루트 가나슈 필링
BEST WHEN PAIRED WITH : 라뒤레 프레스티지 브뤼트 샴페인

Chocolate-Lime 초콜릿 라임

CREATION IN 2006
FLAVOUR : 그린 셸, 초콜릿 라임 가나슈 필링
BEST WHEN PAIRED WITH : 아이스 초콜릿

Chocolate-Coffee 초콜릿 커피

CREATION IN 2014
FLAVOUR : 커피 셸, 초콜릿 커피 가나슈 필링
BEST WHEN PAIRED WITH : 아이스 초콜릿

Chocolate-Mint 초콜릿 민트

CREATION IN 2008
FLAVOUR : 초콜릿 조각을 뿌린 그린 셸, 초콜릿 민트 가나슈 필링
BEST WHEN PAIRED WITH : 실론 민트 티

Chocolate-Calamansi 초콜릿 칼라만시

CREATION IN 2012
FLAVOUR : 오렌지 셸, 초콜릿 칼라만시(calamansi, 시트론 종류의 과일) 가나슈 필링
BEST WHEN PAIRED WITH : 화이트 시트러스 커피

Black Forest 블랙 포레스트

CREATION IN 2011
FLAVOUR : 붉은빛을 띠는 브라운 셸, 체리 브랜디로 향을 낸 머렐로(morello, 짙은 색 버찌)
체리 잼 필링
BEST WHEN PAIRED WITH : 핫 초콜릿

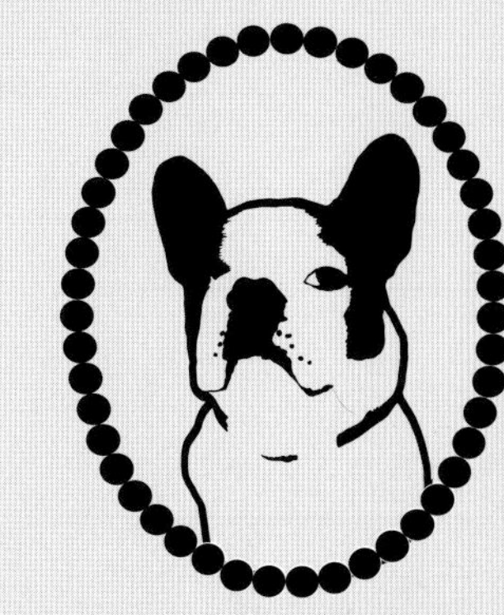

Basic Recipes

기본 레시피

Classic Almond Macaron
Shells

클래식 아몬드 마카롱 셸

• • • •

약 100개의 셸 분량

준비시간 : 50분
조리시간 : 14분

아몬드 가루 2¾컵(275g)
슈거 파우더 2컵＋1큰술(250g)
실온의 달걀흰자 6½개
백설탕 1컵＋1큰술(210g)

조리 도구 :
푸드 프로세서
거품기＋실리콘 스패츌러
지름 10mm의 원형 깍지를 끼운
　짤주머니

1 ••• 아몬드 가루와 슈거 파우더를 푸드 프로세서에 넣어 섞고, 펄스 단추를 눌러서 아주 고운 가루를 만들어 체에 거른다.

2 ••• 물기 없는 깨끗한 볼에 달걀흰자를 6개 넣고 거품이 날 때까지 거품기로 부드럽게 젓는다. 설탕은 먼저 정량의 ⅓을 넣고 설탕이 다 녹을 때까지 약 1분 가량 거품을 내고, 남은 설탕의 반을 넣고 다시 1분 정도 저어 거품을 낸다. 마지막으로 남은 설탕을 모두 넣은 다음 단단하고 윤기가 있으며 거품기를 들었을 때 뾰족한 모양이 생길 때까지 계속 저어서 거품을 만든다. 레시피에서 천연 식용색소를 넣는 경우에는 이때 넣는다.
이제 체에 거른 아몬드 가루와 슈거 파우더 섞은 것을 달걀흰자 거품에 넣고 스패츌러로 아주 살살 거품을 접듯이 섞는다. 남은 달걀흰자 ½개를 작은 볼에 넣고 거품기로 거품이 생길 때까지 서은 나음 아몬드 마카롱 셸 반죽에 넣고 섞어 촉촉하고 부드럽게 만든다.

3 ••• 완성된 반죽을 원형 깍지를 끼운 짤주머니에 스푼으로 떠 넣는다. 베이킹팬에 유산지를 깔고 그 위에 반죽을 조금 짜서 동그란 모양을 만드는데, 퍼졌을 때 지름이 약 3~4㎝가 되어야 한다. 베이킹팬을 작업대에 가볍게 탁탁 쳐서 동그란 모양의 셸이 퍼지게 한다. 반죽 짜는 것을 모두 마치면 팬 위에 아무것도 덮지 않고 10분 동안 그대로 두어 겉껍질이 생기게 하고, 오븐을 150℃로 예열하여 14~15분 굽는다.

4 ••• 오븐에서 베이킹팬을 꺼내 조심스럽게 유산지 가장자리를 들어 올리고, 작은 유리컵을 이용해서 유산지와 뜨거운 베이킹팬 사이에 물을 조금 붓는다. 물이 너무 많으면 마카롱 셸이 눅눅해지므로 너무 많이 붓지 않도록 조심한다. 이렇게 습기와 스팀을 주면 셸이 식었을 때 떼어내기가 좀 더 쉽다. 식은 셸들은 유산지에서 조심스럽게 떼어 커다란 접시에 평평한 면이 위로 오게 놓는다.

Vanilla Macaron
Shells

바닐라 마카롱 셸

• • • •

약 100개의 셸 분량

준비시간 : 50분
조리시간 : 14분

아몬드 가루 2½컵
　+1큰술(260g)
슈거 파우더 2컵
　+1큰술(250g)

바닐라 파우더 2작은술(5g)
실온의 달걀흰자 6½개
백설탕 1컵+1큰술(210g)

조리 도구 :
푸드 프로세서
거품기+실리콘 스패츌러

지름 10㎜의 원형 깍지를 끼운
짤주머니

1 ••• 아몬드 가루와 슈거 파우더, 바닐라 파우더를 푸드 프로세서에 넣어 섞고, 펄스 단추를 눌러서 아주 고운 가루를 만들어 체에 거른다.

2 ••• 물기 없는 깨끗한 볼에 달걀흰자를 6개 넣고 거품이 날 때까지 거품기로 젓는다. 설탕은 먼저 정량의 ⅓을 넣고 설탕이 다 녹을 때까지 약 1분 가량 거품을 내고, 남은 설탕의 반을 넣고 다시 1분 정도 저어 거품을 낸다. 마지막으로 남은 설탕을 모두 넣은 다음 단단하고 윤기가 있으며 거품기를 들었을 때 뾰족한 모양이 생길 때까지 계속 저어 거품을 만든다.
이제 체에 거른 아몬드 가루와 슈거 파우더, 바닐라 파우더 섞은 것을 달걀흰자 거품에 넣고 스패츌러로 아주 살살 거품을 접듯이 섞는다. 남은 달걀흰자 ½개를 작은 볼에 넣고 거품이 생길 때까지 거품기로 저은 다음, 바닐라 마카롱 셸 반죽에 넣고 섞어서 촉촉하고 부드럽게 만든다.

3 ••• 완성된 반죽을 원형 깍지를 끼운 짤주머니에 스푼으로 떠 넣는다. 베이킹팬에 유산지를 깔고 그 위에 반죽을 조금 짜서 동그란 모양을 만드는데, 퍼졌을 때 지름이 약 3~4㎝가 되어야 한다. 베이킹팬을 작업대에 가볍게 탁탁 쳐서 동그란 모양의 셸이 퍼지게 한다. 반죽 짜는 것을 모두 마치면 팬 위에 아무것도 덮지 않고 10분 동안 그대로 두어 겉껍질이 생기게 하고, 오븐을 150℃로 예열하여 14~15분 굽는다.

4 ••• 오븐에서 베이킹팬을 꺼내 조심스럽게 유산지 가장자리를 들어올리고, 작은 유리컵을 이용해서 유산지와 뜨거운 베이킹팬 사이에 물을 조금 붓는다. 물이 너무 많으면 마카롱 셸이 눅눅해지므로 너무 많이 붓지 않도록 조심한다. 이렇게 습기와 스팀을 주면 셸이 식었을 때 떼어내기가 좀 더 쉽다. 식은 셸들은 조심스럽게 유산지에서 떼어 커다란 접시에 평평한 면이 위로 오게 놓는다.

Chocolate Macaron
Shells

초콜릿 마카롱 셸

••••

약 100개의 셸 분량

준비시간 : 50분

조리시간 : 14분

아몬드 가루 2½컵
　+ 1큰술(260g)

슈거 파우더 2컵+1큰술(250g)

설탕을 넣지 않은 코코아 가루
　2½큰술(15g)

다크 초콜릿(카카오 70%) 65g

실온의 달걀흰자 6½개

백설탕 1컵+1큰술(210g)

조리 도구 :

푸드 프로세서

디지털 탐침 온도계(당과용)

거품기 + 실리콘 스패츌러

지름 10㎜의 원형 깍지를 끼운
　짤주머니

1 ••• 아몬드 가루와 슈거 파우더, 코코아 가루를 푸드 프로세서에 넣어 섞고, 펄스 단추를 눌러서 아주 고운 가루를 만들어 체에 거른다. 초콜릿을 내열 용기에 담아 뜨거운 물이 담긴 중탕냄비에 물이 닿지 않게 올리고 35℃ 정도로 따뜻하게 녹인다. 또는 전자레인지를 이용해 녹이는데, 이 경우 종종 꺼내서 섞어준다.

2 ••• 물기 없는 깨끗한 볼에 달걀흰자를 6개 넣고 거품기로 부드럽게 저어 거품을 낸다. 설탕은 먼저 정량의 ⅓을 넣고 설탕이 다 녹을 때까지 약 1분 가량 거품을 내고, 남은 설탕의 반을 넣고 다시 1분 정도 저어 거품을 낸다. 마지막으로 남은 설탕을 모두 넣은 다음 단단하고 윤기가 있으며 거품기를 들었을 때 뾰족한 모양이 생길 때까지 계속 저어서 거품을 만든다.
이제 초콜릿을 녹여서 달걀흰자에 섞어 넣고, 체에 거른 아몬드 가루와 슈거 파우더, 코코아 가루 섞은 것을 달걀흰자 거품에 넣어서 스패츌러로 아주 살살 거품을 접듯이 섞는다. 남은 달걀흰자 ½개를 작은 볼에 넣고 거품이 생길 때까지 거품기로 저은 다음 조콜릿 마카롱 셸 반죽에 넣고 섞어 촉촉하고 부드럽게 만든다.

3 ••• 완성된 반죽을 원형 깍지를 끼운 짤주머니에 스푼으로 떠 넣는다. 베이킹팬에 유산지를 깔고 그 위에 바로 동그란 모양으로 조금 짜놓는데, 퍼졌을 때 지름이 약 3~4㎝ 정도가 되어야 한다. 베이킹팬을 작업대에 가볍게 탁탁 쳐서 동그란 모양의 셸이 퍼지게 한다. 반죽 짜는 것을 모두 마치면 팬 위에 아무것도 덮지 않고 10분 동안 그대로 두어 겉껍질이 생기게 하고, 오븐을 150℃로 예열하여 14~15분 굽는다.

4 ••• 오븐에서 베이킹팬을 꺼내 조심스럽게 유산지 가장자리를 들어 올리고, 작은 유리컵을 이용해서 유산지와 뜨거운 베이킹팬 사이에 물을 조금 붓는다. 물이 너무 많으면 마카롱 셸이 눅눅해지므로 너무 많이 붓지 않도록 조심한다. 이렇게 습기와 스팀을 주면 셸이 식었을 때 떼어내기가 좀 더 쉽다. 식은 셸들은 유산지에서 조심스럽게 떼어 커다란 접시에 평평한 면이 위로 오게 놓는다.

Pistachio Macaron
Shells

피스타치오 마카롱 셸

• • • •

약 100개의 셸 분량

준비시간 : 50분
조리시간 : 14분

아몬드 가루 1컵
　+1컵 조금 안 되게(190g)
피스타치오 가루 ⅔컵(85g)
슈거 파우더 2컵

　+1큰술(250g)
실온의 달걀흰자 6½개
백설탕 1컵+1큰술(210g)

조리 도구 :
푸드 프로세서
거품기+실리콘 스패츌러

지름 10㎜의 원형 깍지를 끼운
짤주머니

1 ●●● 아몬드 가루와 피스타치오 가루, 슈거 파우더를 푸드 프로세서에 넣어 섞고, 펄스 단추를 눌러서
아주 고운 가루를 만든 다음 체에 거른다.

2 ◦•◦ 물기 없는 깨끗한 볼에 달걀흰자를 6개 넣고 거품기로 저어 거품을 낸다. 설탕은 먼저 정량의 ⅓을 넣고 설탕이 다 녹을 때까지 약 1분 가량 거품을 내고, 남은 설탕의 반을 넣고 다시 1분 정도 저어서 거품을 낸다. 마지막으로 남은 설탕을 모두 넣어서 단단하고 윤기가 있으며 거품기를 들었을 때 뾰족한 모양이 생길 때까지 계속 저어서 거품을 만든다.
이제 체에 거른 아몬드 가루와 슈거 파우더, 피스타치오 가루 섞은 것을 달걀흰자 거품에 넣고 스패츌러로 아주 살살 거품을 접듯이 섞는다. 남은 달걀흰자 ½개를 작은 볼에 넣고 거품이 생길 때까지 거품기로 저은 다음 피스타치오 마카롱 셸 반죽에 넣고 섞어 촉촉하고 부드럽게 만든다.

3 ◦•◦ 완성된 반죽을 원형 깍지를 끼운 짤주머니에 스푼으로 떠 넣는다. 베이킹팬에 유산지를 깔고 그 위에 반죽을 동그란 모양으로 조금 짜놓는데, 퍼졌을 때 지름이 약 3~4㎝가 되어야 한다. 베이킹팬을 작업대에 가볍게 탁탁 쳐서 동그란 모양의 셸이 퍼지게 한다. 반죽 짜는 것을 모두 마치면 팬 위에 아무것도 덮지 않고 10분 동안 그대로 두어 겉껍질이 생기게 하고, 오븐을 150℃로 예열하여 14~15분 굽는다.

4 ◦•◦ 오븐에서 베이킹팬을 꺼내 조심스럽게 유산지 가장자리를 들어 올리고, 작은 유리컵에 찬물을 담아 뜨거운 베이킹과 유산지 사이에 물을 조금 붓는다. 이렇게 습기와 스팀을 주면 셸이 식었을 때 떼어내기가 좀 더 쉽다. 물이 너무 많으면 셸이 눅눅해지므로 물을 너무 많이 붓지 않도록 조심한다. 식은 셸들은 유산지에서 조심스럽게 떼어 커다란 접시에 평평한 면이 위로 오게 놓는다.

레시피 인덱스

· ● ● ● ·

도움 주신 곳

• • • •

라뒤레는 이 책에서 멋진 디자인과 장식이 가능하도록 도와주신 다음의 여러 시설과 제조업체들에게 진심으로 감사를 드립니다.

식기류

Christofle
9, rue Royale, 75008 Paris
www.christofle.com
Bernardaud
11, rue Royale, 75008 Paris
www.bernardaud.fr
Cristal Saint-Louis
13, rue Royale, 75008 Paris
www.saint-louis.com
Astier de Villatte
173, rue Saint-Honoré, 75001 Paris
www.astierdevillatte.com
Faïencerie de Gien
18, rue de l'Arcade, 75008 Paris
www.gien.com
Sabre (couverts, vaisselle, verres)
77, rue de la Boétie, 75008 Paris
www.sabre.fr
Ambiance et Styles
www.ambianceetstyles.com

고가구

Au Bain Marie (objets de réception : vaisselle, argenterie, carafes)
Aude Clément
56, rue de l'Université, 75007 Paris
www.aubainmarie.fr
Luce Montet
22, rue de Beaune, 75007 Paris
Tél. : 01 46 47 74 29
Antiquités Thuillier
www.antiquites-thuillier.com

생투앙 벼룩시장

Eva Cwajg (vaisselle ancienne et couverts)
Marché Vernaison, allée 1, stand 11
Marché Serpette, allée 4, stand 12
99-110, rue des Rosiers, 93400 Saint-Ouen
www.eva-antiquites.com
Janine Giovannoni (linge ancien)
Marché Vernaison, angle allées 3 et 7, stand 141
99-110, rue des Rosiers, 93400 Saint-Ouen
Tél. : 01 40 12 39 13 - 06 07 42 14 51

Laure de Villoutreys
(tissus anciens et curiosités)
Marché Vernaison, allée 6, stand 102
- allée 5, stand 92
99-110, rue des Rosiers, 93400 Saint-Ouen
Tél.: 06 63 16 03 17
Laure Saïmovitch (argenterie)
Marché Biron, stand 29
85, rue des Rosiers, 93400 Saint-Ouen
Tél.: 01 40 10 23 00
Glustin (antiquités d'exception
et créations d'artistes)
Karine et Virginie Glustin
140, rue des Rosiers, 93400 Saint-Ouen
Tél.: 01 40 10 24 22
www.glustin.net
Bachelier Antiquités (antiquités de cuisine)
François Bachelier
Marché Paul-Bert, allée 1, stand 17
18, rue Paul-Bert, 93400 Saint-Ouen
Tél.: 01 40 11 89 98
www.bachelier-antiquites.com

리넨 제품
Fragonard
203, rue Saint-Honoré, 75001 Paris
196, bd Saint-Germain, 75007 Paris
www.fragonard.com

Château de Vaux (serviettes anciennes
revisitées en couleurs)
Créations Isabelle Jeanson
www.chateau-de-vaux.fr
Porthault (linge de maison de luxe)
5, rue du Boccador, 75008 Paris
www.dporthault.fr
Blanc d'Ivoire
104, rue du Bac, 75007 Paris
www.blancdivoire.com
Le Grand Cerf (coussins et curiosités
réalisés à partir de tissus anciens)
29, rue Sainte-Croix,
61400 Mortagne-au-Perche
www.legrandcerf.com
Sylvie Thiriez
26, rue du Bac, 75007 Paris
www.sylviethiriezcreations.com
Turpault (linge de lit et de table)
www.alexandre-turpault.com

장식품

Point à la Ligne (bougies et accessoires
décoration) www.pointalaligne.fr
Elgin-Vicomte de Castellane
(meubles, arts de la table, décoration)
Tél.: 01 41 70 36 80
www.elgindeco.fr

Mise en demeure (mobilier, luminaires,
décoration et arts de la table)
27, rue du Cherche-Midi, 75006 Paris
Tél.: 01 45 48 83 79
www.misendemeure.com
Sarah Lavoine
9, rue Saint-Roch, 75001 Paris
28, rue du Bac, 75007 Paris
www.sarahlavoine.com
Henriette Jansen (céramiste)
33, rue de Trévise, 75009 Paris
www.henriettejansen.com
Les Jardins de la comtesse
(paniers pique-nique)
www.lesjardinsdelacomtesse.com
Le Grand Comptoir (arts de la table,
linge de maison, meubles et objets décoratifs)
4, rue Pages, 92150 Suresnes
Tél.: 01 42 04 11 00
www.legrandcomptoir.com
Lacroix – art de la table
Sacha Walckhoff pour la maison
Christian Lacroix en collaboration
avec Vista Alegre
www.christian-lacroix.com
Lacroix – papeterie
Christian Lacroix Papier par Libretto
www.christian-lacroix.com

La Maison d'Alep
20, rue Ernestine, 75018 Paris
Tél.: 01 42 00 40 28
www.lamaisondalep.com
Love it (carnets, accessoires décoration)
101, bd Jean-Jaurès, 92100 Boulogne-Billancourt
Tél.: 01 46 03 32 59

벽지 & 패브릭

Osborne & Little
7, rue de Furstemberg, 75006 Paris
Tél.: 01 56 81 02 66
www.osborneandlittle.com
Little Greene
21, rue Bonaparte, 75006 Paris
www.littlegreene.fr
Pierre Frey (tissus Fadini Borghi
et collection Pierre Frey)
27, rue du Mail, 75002 Paris
Tél.: 01 44 77 35 22
www.pierrefrey.com

가구

Moissonnier (ébénisterie française)
52, rue de l'Université, 75007 Paris
Tél.: 01 42 61 84 89
www.moissonnier.com

감사의 말

이 책을 만드는 데 도움을 주신 많은 제조업체와 시설들, 그리고 사진 촬영을 허락해주신 다음 회사에 진심으로 감사의 마음을 전합니다.

Moissonnier (pp. 21, 76-77, III, 121, 155, 203, 269, 233). www.moissonnier.com
Glustin (pp. 26-27, 39, 215, 263, 274-275) www.glustin.net
Château de la Petite Malmaison (pp. 104-105, 187, 190-191, 208-209, 225, 245) www.petitemalmaison.fr
Mise en demeure (pp. 55, 83, 197, 251) www.misendemeure.com
Hôtel Notre-Dame Saint-Michel (pp. 48-49) www.hotelnotredameparis.com
Château de Villiers-le-Bâcle (pp. 70-71, 95, 99, 133). www.chateaudevillierslebacle.fr
Abbaye des Vaux de Cernay (pp. 33, 126-127, 139, 166-167, 281). www.abbayedecernay.com
Bachelier Antiquités (p. 173). www.bachelier-antiquites.com
Lanvin (p. 61). 22, rue du Faubourg-Saint-Honoré, 75001 Paris. www.lanvin.com

이 책의 제작 과정에는 라뒤레 팀의 여러 사람이 함께하였습니다. 라뒤레는 마카롱 창작과 레시피를 담당하는 뱅상 르맹(Vincent Lemains), 마카롱 셸 생산을 담당하는 요나단 라투스(Jonathan Lathus), 마카롱의 장식과 필링을 연구 개발하는 레다 르제귀아(Réda Rezaiguia), 일반 마카롱 생산과 실험실을 관리하는 프랑크 르누아르(Franck Lenoir), 베르트랑 베르니에(Bertrand Bernier), 자비에 들라바르(Xavier Delabarre), 그 밖에 마케팅과 매체 담당자들에게 무한한 감사를 드립니다.

라뒤레는 또한 크리스티앙 라크루아(Christian Lacroix), 프라고나르 향수의 아녜스 코스타(Agnés Costa), 샹탈 토마(Chantal Thomass), 존 갈리아노(John Galliano), 오도랑트(Odorantes)의 엠마뉘엘 & 크리스토프(Emmanuel & Christophe), 야즈부키(Yazbukey)의 야즈 & 에멜(Yaz & Emel), 츠모리 치사토(Tsumori Chisato), 메종 랑방의 알베르 엘바즈(Alber Elbaz), 니나의 유혹의 올리비에 크레스프(Olivier Cresp) 그리고 크리스티앙 루부탱(Christian Louboutin)의 위대한 재능과 영감을 주신 점에 대해서도 특별히 감사를 드립니다.

Maison fondée en 1862
LADURÉE
Fabricant de douceurs Paris
Macarons
recipes : Ladurée
photography : Antonin Bonnet
food styling : Pascale de la Cochetière
food styling assisted : Pauline Nobiron
Éditions du Chêne-Hachette Livre, 2014

라뒤레 마카롱 레시피

펴낸이	유재영	출판등록	1987년 11월 27일 제10-149
펴낸곳	그린쿡	주 소	04083 서울 마포구 토정로 53(합정동)
지은이	라뒤레	전 화	324-6130, 6131
옮긴이	오승해	팩 스	324-6135
		E - 메일	dhsbook@hanmail.net
1판 1쇄	2015년 7월 15일	홈페이지	www.green-home.co.kr
1판 2쇄	2019년 3월 20일		

ISBN 978-89-7190-481-7 13590

GREENCOOK은 최신 트렌드의 디저트, 브레드, 요리는 물론 세계 각국의 정통 요리를 소개합니다.
국내 저자의 특색 있는 레시피, 세계 유명 셰프의 쿡북, 한국·일본·영국·미국·이탈리아·프랑스 등 각국의 전문요리서 등을 출간합니다.
요리를 좋아하고, 요리를 공부하는 사람들이 늘 곁에 두고 보고 싶어하는 요리책을 만들려고 노력합니다.